解密物种起源少年科普丛书 II

四足时代

徐超　王章俊　林琳/文

孙继钰/图

生命
是
一部奇书

地质出版社

北京航空航天大学出版社

·北京·

图书在版编目(CIP)数据

四足时代 / 徐超，王章俊，林琳文；孙继铮图
. —北京：地质出版社，2020.6（2021.6重印）
（解密物种起源少年科普丛书）
ISBN 978-7-116-11671-9

Ⅰ.①四… Ⅱ.①徐… ②王… ③林… ④孙…
Ⅲ.①古生物学 – 少年读物 Ⅳ.①Q91–49

中国版本图书馆CIP数据核字（2019）第217757号

....

解密物种起源少年科普丛书·四足时代
JIEMI WUZHONG QIYUAN SHAONIAN KEPU CONGSHU · SIZU SHIDAI

策划编辑：孙晓敏
责任编辑：王一宾　任宏磊
营销编辑：朱军伟　王小宾　杨　娜
责任校对：李　玫

出版发行：地质出版社　北京航空航天大学出版社
（北京市海淀区学院路31号 邮政编码100083）
印刷：永清县晔盛亚胶印有限公司
开本：787mm×1092mm　1/16
印张：8.5　字数：80千字
版次：2020年6月北京第1版
印次：2021年6月河北第2次印刷

购书咨询：010–66554518　010–82316940
（传真：010–66554518）
售后服务：010–66554518
网址：http://www.gph.com.cn
如对本书有建议或意见，敬请致电本社；如本书有
印装问题，本社负责调换。

定价：72.00元
书号：ISBN 978-7-116-11671-9

　　《解密物种起源少年科普丛书》是一套科普精品。这套书讲述的是一则则惊险而有趣的小故事，情节跌宕，绚丽多彩，寓教于乐，是我国科普作品中难得一见的佳品。本书的小主人公亦寒、知奇在爸爸D叔和妈妈伊静的带领下，走进时空的幽幽隧道，领略神秘的史前情景，探索地球的来龙去脉，了解生命诞生以来的点点滴滴……

　　——用科学讲故事。地球，是茫茫宇宙中的一颗蓝色星球，它是生灵的摇篮，它是人类的家园。那么，我们怎么认识它呢？这套书以《鱼类称霸》作为开篇，提出了一系列有趣的问题：生命之初的"鱼儿"如何从海洋爬到岸上？后来又如何爬向陆地成为"两栖动物"，再进化到"爬行动物"？"哺乳动物"为什么是最高级的动物类群？它们是人类的祖先吗？等等。大自然孕育着生灵万物，生命之树催生了人类世界。本书用娓娓的文字、绮丽的插画，在故事中寻觅线索，在线索中追求本源，勾勒了远古的旖旎风光，还原了远古的文明繁荣。故事情节紧张，跌宕起伏。用科学讲故事，令人遐想，给人启迪！

　　——用故事润心灵。在距今约5.3亿年的寒武纪时期，地球表面的大部分区域都被水覆盖着，陆地上没有任何生物。湛蓝的海水里，生命的种子却在蠢蠢欲动，酝酿着一个载入史册的大事件。海洋里的无脊椎动物陆续亮相，造成了"寒武纪生命大爆发"寒武纪时光，惊鸿一瞥。奥陶纪一闪，石破天惊。志留纪短暂，弹唱大变革前奏曲。泥盆纪时代，鱼类称霸。石炭纪到来，爬行动物成王。侏罗纪世界，恐龙独步天下。古近纪、新近纪时期，兽族崛起。第四纪，人类登上世界舞台。我们会发现，任何重大的生命进化，都与地球沧海桑田的变化息息相关。本书图文并茂，用精彩生动的故事，滋润着小读者的心灵。

　　——用心灵呵护地球。宋代苏轼说："盖将自其变者而观之，则天地曾不能以一瞬；自其不变者而观之，则物与我皆无尽也，而又何羡乎！"每个生命与世界万物都一样，无穷无尽，亿万年来生命之树繁衍，生生不息。从太空到地球，再到生命的探索，一定会影响到人类的世界观、人生观和价值观。天地玄黄，宇宙洪荒，回望地球，我们发现：人类赖以生存的蓝色星球，竟是如此渺小和脆弱，宛如沧海一粟、恒河一沙，小行星撞击地球、超级太阳风暴、地球磁极倒转……每一种新生命类型的出现，都代表了一次重大的历史飞跃。从地球原始生命的出现到人类的繁荣，经历了长达35亿年的时间！漫漫生命史，就是一个不断适应环境、扩大生存空间的过程。在大自然面前，人类万万不可自大，我们有千万个理由保持谦卑。

　　好的科普作品，可咀嚼，可品味，如甘霖润物，《解密物种起源少年科普丛书》就是这么一部科普佳作。在本套书即将付梓之际，写下几行文字，特向小朋友真情推介。由衷地希望地质出版社再接再厉，辛勤谋划，为祖国的花朵推出更好更多的科普精品。

　　希冀每个小朋友都喜欢《解密物种起源少年科普丛书》。

国务院参事
原国土资源部总工程师　张洪涛

2019年7月于北京

序二

　　映入你眼帘的《解密物种起源少年科普丛书》系列少儿读物，是一部难得的原创优秀科普文学作品集。

　　第一次见到这部作品集时，它还是电子文稿，看到创作团队将深奥生涩的科学知识、生动有趣的故事文字、精心绘制的动漫插图自然地融为一体，甚是惊叹。从那时起，我就被他们独具匠心的策划、别出心裁的创作深深触动。我收到策划编辑寄来的书稿彩样后，应邀为其作序，是一件十分荣幸的事情。

　　《解密物种起源少年科普丛书》以传播"宇宙生命进化科学"为主要内容，涵盖天文、地球和生命等自然科学知识，意在解密"每一个生命都是一个不朽的传奇，每一个传奇背后都有一个精彩的故事"。科学作者由全国首席科学传播专家王章俊先生担任。他热爱读书，知识广博，在宇宙与生命进化科学传播、古生物科学普及等方面造诣颇深。在他的领衔创作下，儿童文学作家、科普作家、知名动漫插画家紧密配合，为孩子们量身定制了一套"用故事融汇科学"的科普文学作品集。

　　该系列作品共4集，整体以"十二生肖秘钥"为时间线，知识系统连贯，每集独立成册，分别为《鱼类称霸》《四足时代》《龙鸟王国》《人类天下》。用48个惊险有趣的故事，48个生命进化史上知名的关键物种，诸如最原始的鱼、最早的两栖动物、第一个出现的爬行动物、恐龙祖先、第一只鸟等，抒写了惊险刺激的探秘历程，一个个生命传奇的精彩故事，将孩子们带到那遥不可及的地质年代。通过故事，让孩子们感受第一个多细胞动物——海绵的诞生；鱼儿向陆地迈出的一小步，开启了脊椎动物征服陆地的一大步，拉开了陆地动物蓬勃发展的序幕；长羽毛的恐龙飞向蓝天，色彩斑斓的鸟儿称霸了天空；哺乳动物蒸蒸日上，人类的祖先——智人走向全球。

　　《解密物种起源少年科普丛书》用讲故事的形式传播科学知识，情节生动，人物栩栩如生，古动物知识巧妙地展示于书中，是一部有新意、有价值的作品集。我相信，孩子们读后，不仅能学到科学知识，享受到阅读的乐趣，更能激发他们对科学的热爱和探究的灵感。

　　当今社会"文学少年"多多，"科学少年"则少之又少。这部作品集主要面向少年儿童及其家庭成员，是一部呼唤"科学少年"之作，是中国家庭必备的科普读物，希望它能够成为传世经典之作，惠及当代，传于后世。

著名出版人　作家

2019 年 6 月于北京

● 《解密物种起源少年科普丛书》由专家严格把关，集科学、文学、艺术于一体。语言生动，插画精美，内容丰富，故事有趣：读起来轻松愉悦，知识与快乐同享，尤其适于孩子们浏览，更适合父母陪孩子一起阅读。

中国科学院院士　刘嘉麒

● 这是一部"用故事讲科学"的科普作品集。故事精彩，动漫图画生动，唤起孩子们对未知世界的兴趣和追索，让科学更具魅力。

中国科学院院士　欧阳自远

● 《解密物种起源少年科普丛书》以主角一家的历险故事为主线，串联了一系列古动物相关知识点，基本科学事实清楚，配图很多，形式生动活泼，适合小读者阅读。

中国科学院古脊椎动物与古人类研究所研究员　朱敏

● 这里有太多的好元素，有科学的元素、文学和艺术的元素、精神和心理的元素，甚至于文化、人格与情感的元素，等等，全都艺术地融入了一个对远古生命充满敬意与渴望、对惊险神奇自然变迁及文明之旅充满想象力的故事世界之中，文本语意深厚而广泛，具有科学人文的开拓意义。

中国图书评论杂志社社长　总编辑　杨平

● 拿到手上的《解密物种起源少年科普丛书》装帧精美，图文并茂，沉甸甸的。这是一套充满神秘色彩的科普文学作品集，为我们生动形象地解读了地球生命的进化历程。
好书是有趣的、有意义的，科学且循序渐进、循循善诱的，《解密物种起源少年科普丛书》就是这样的一套书！

国家"万人计划"教学名师　全国优秀教师　北京市德育特级教师　万平

● 任何喜爱科普作品和始终对未知世界保有好奇心的人，都值得去静心读一读这套书。这不仅因为它用微笑的面孔讲述严肃的科学问题，还因为它用鲜活的故事解构科学的方式，在一般人的思考容易停下的地方，向前迈出了一大步。

《中国教育报》编审　柯进

● 童话式的故事，铺展开一次远古生物的奇幻阅读之旅；又在探险笔记中，展现了丰富的生命进化知识。让少年读者领略生命的精彩和科学的美丽。

果壳网副总裁　孙承华

● 这是一套科学性与文学性兼备的优秀作品集，把地球科学知识润物细无声地融入有趣好玩的故事中，不知不觉就打开了孩子探索未知世界的好奇心，激发孩子主动探索未知世界的欲望，好奇心一旦点燃，内在潜能就会自然地激发出来了。

知名金牌阅读推广人　第二书房创始人　李岩

● 当下没有哪位家长能够真的是"上知天文，下知地理"！所以对孩子的科学教育更加需要科普书籍。地质出版社出版的《解密物种起源少年科普丛书》，生动有趣，引人入胜。这里有勇敢、善良的一家人，他们邀请我们一起去郊游，一起去探险，一起去揭开生命进化的奥秘！

科学小达人秀　周建　周洪磊　小米椒

跟D叔一起这样读

坐在小白蛇变的各种飞船里，穿梭在亿万年的时光里，与昆明鱼、梦幻鬼鱼、林蜥、始祖单弓兽、中华龙鸟、小盗龙、森林古猿、露西……来个不期而遇，领略神秘的史前世界，探索地球的来龙去脉，了解生命诞生以来的点点滴滴……

如果你是第一次阅读，D叔建议你这样读：

生肖蛇秘钥

在《解密物种起源少年科普丛书·鱼类和霸》中，D叔一家拥有了一把刻有老牛标识的"牛钥匙"。
D叔一家回到了龙城，5月的一个周末，D叔和伊静带着亦寒和知阳前往西龙沟挖化石。亦寒和知阳从西龙沟的化石坑中挖出了长长的斜角化石。在他们和爸爸妈妈观察小蜥蜴化石时，如东龙的化石就要碾到地面上的幻本时，一伏身……

第一步：

跟D叔探寻生命进化奥秘，寻找"十二生肖秘钥"，守护龙城安危。

故事 **1**

河边戏水，初遇"瘸腿小鳄鱼"

来自西龙沟的花草香还在空气中弥漫，阳……他们睁开双眼，几乎同时站起身来……

第二步：

请仔细阅读"12个故事"，随故事人物深入其中，探索见证生命进化历程，与远古物种相见，揭开物种起源奥秘，成功获得未来生命之树种子，最终保护龙城。

小白蛇探索生命日记

鱼石螈
——一种最原始的两栖动物

第三步：

请仔细阅读"12篇日记"，感受日记撰写的过程、学习古生物知识及小主人公面对当时处境的感受和灵活处理问题的方式方法。在潜移默化中，激发小朋友们的写作兴趣。

D叔漫时光

温馨提示：
涂出创意

第四步：

每读完3个故事，你就会翻到"D叔漫时光"。在这里，D叔希望小朋友让思绪休息一下，拿起你的笔，涂出你的创意颜色。

第五步：

每本书都设置了小程序码，只要拿出手机"扫一扫"，你就能听到D叔专门为你讲的故事。

温馨提示：扫码听故事

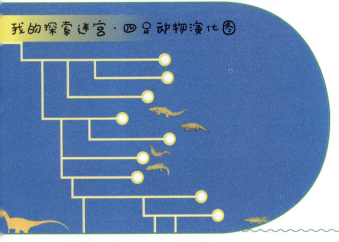

我的探索迷宫·四足动物演化图

第六步：

到这里，这本书中的12个故事、12篇日记你都读完了。小朋友，你们记住了几个科学小知识和古生物呢？在这里，来答一答吧。

第七步：

小朋友们，读完这套书后，你们能不能说出地球生命是怎么诞生的，又是如何进化的？我们人类又是从哪个阶段产生的？在这张生命进化历程图谱中，你都可以找到答案。

功能导读 生命进化历程图谱

《鱼类称霸》　　《四足时代》

寒武　奥陶　志留　泥盆　石炭　二叠

第八步：

最后记得签上你的名字，这本书可是属于你的哦！

走进锦绣科学小镇
与D叔一家共同见证地球生命的进化
探索远古生命奥秘
守护地球家园
这本《解密物种起源少年科普丛书·四足时代》的小伙伴是

_____

谨以此书献给
共同探险……
守护地球家园的小伙伴……

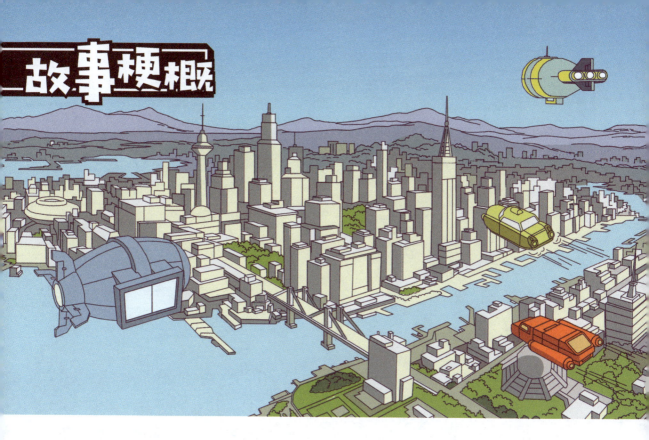

故事梗概

📍 龙城

在中国辽西地区，有一座绽放着科学光芒的神秘小镇。

这座小镇堪称世界古生物化石宝库，地球演化和生命进化的历史都尘封在这座宝库中。在这里，一直流传着："它是世界上第一只鸟儿飞起的地方，也是第一朵花儿绽放的地方。"这就是闻名于世的锦绣科学小镇——"龙城"。

📍 大真探D叔

D叔一家就住在这里。D叔是中国知名青年地学研究者，他曾在琥珀中发现了生活在近亿年前长毛小恐龙的尾巴，让世界一片惊讶。龙城的人们以D叔为自豪，都非常喜爱他、佩服他，所以就送他"大真探"称号。孩子们一见到他，就会围着他问个不停，"D叔，快告诉我们，是先有鸡还是先有蛋"，"D叔，我们是从哪里来的呢"，"D叔，你能不能找到现在还能孵出恐龙的恐龙蛋呢，我想要一只真的恐龙"……"孩子们，请跟我来！"每次，只要有时间，D叔总喜欢带孩子们去参观他的"小飞龙实验室"，让他们身临其境地感受科学的神秘与乐趣。

生命之树

    龙城不大，环境优美，人们的生活一直和谐、安稳。可天有不测风云，这平静舒适的日子竟让 D 叔一家给打破了。

    2052 年的一天，D 叔一家带着邻居家小宝洛凡一起去郊游。玩得正开心的时候，突然下起了瓢泼大雨。这里离小镇还是有一段距离的，D 叔一家只好就近寻找避雨的地方。所幸运气还不错，在附近发现了一个山洞。虽然山洞看起来阴森森的，但总算有个避雨的地方，D 叔和妻子伊静赶紧带着孩子们躲进了山洞。这山洞似乎不深，向里面看，黑黢黢的。"孩子们，别乱跑哦，磕碰着就麻烦了。"伊静妈妈的话还没说完，依然在兴致上的孩子们，已

经往山洞深处走去了。"随他们吧，里面应该不会太深，孩子们长大了一点儿，有探险精神了，我们先观察一会儿。"D叔说。随后，俩人找了块儿比较干净的地方坐下，竟不知不觉地睡着了。

"哎哟！"亦寒尖叫了一声，他的脚好像踢到了一块石头，脚趾痛得厉害。"亦寒哥哥，你怎么了？没事吧？"昏暗中，洛凡关切地问。"你们听……"知奇大声说，"听到吱呀声了吗？"亦寒和洛凡正仔细听时，山洞尽头的石壁竟然打开了一扇门，透过来暖暖的光线，孩子们"刺溜"钻了进去。亦寒这一脚厉害，踢出个"新景象"，一棵参天大树矗立在他们眼前……

孩子们马上回去找D叔和妈妈伊静。两个大人被孩子们给吵醒了，只是他们自己也不明白怎么就睡着了呢？听完孩子们的讲述，就跟着孩子们，走过七扭八拐的洞中小道，来到了山洞尽头。

一扇石门敞开着，里面是一块非常平整的地。平地中间，长着一棵参天大树，枝繁叶茂，在树冠顶部，露出一小块儿天空。雨水噼里啪啦打在树叶上，轻盈滴答地落在地上。

D叔不愧是"大真探"，机敏老练。只见他先是环顾四周，而后，不由自主地走到树下，一观究竟。只见这棵树上有一个标识，写着"生命之树"。这树上的纹路如地图一般，最让人感觉神奇的是：树上标注了从最初的生命一直到人类出现的历程，整个生命进化各个阶段的全部轨迹，清晰可见。树腰处挂着一面钟，正滴滴答答地响着，时针、分针、秒针即将共同指向12点，日期显示2053年4月22日。这是第 N 个世界地球日哦。正当D叔百思不得其解的时候，突然，亦寒不知从哪发现了一块小小的绢布，只见绢布上断断续续地写着"12把钥匙、生肖、黑暗隐者、龙城"。一家人你望望我，我望望你，一脸茫然。

📍 龙城怪象

　　渐渐地，落到地上的雨滴少了。D叔虽然觉得这件事情太过奇怪，但也只能先收好绢布，催促孩子们跟紧自己和伊静，尽快赶回龙城。D叔再次回望，这棵古老的大树宛如神祇一般静静地伫立在那里，仿佛是在听谁轻轻地诉说，又仿佛是在为谁默默祈祷……

　　自那天之后，龙城接二连三地发生一些怪事。天气明显变得异常，医院的病人也多了起来。还听到好多大人们都在聊一件怪事，自家孩子晚上睡觉总是做噩梦，不踏实，说什么黑暗隐者、毁灭龙城之类的话。D叔和妻子伊静听在耳里，不安在心中，龙城发生的这些事情到底跟他们那次山洞奇遇有没有关联呢？

　　小镇上开始人心惶惶……

生肖蛇秘钥

在《解密物种起源少年科普丛书·鱼类称霸》中，D叔一家拥有了一把刻有老牛标识的"牛钥匙"。

D叔一家回到了龙城，5月的一个周末，D叔和伊静带着亦寒和知奇前往西龙沟挖化石。亦寒和知奇从西龙沟的化石坑中挖出了长有两只脚的小蝌蚪化石。在他们和爸爸妈妈观察小蝌蚪化石时，知奇不小心将化石滑落，眼看化石就要砸到地面上的幻本时，一阵带着花香气的大气旋涡出现，把D叔一家又卷入了未知的旅程。D叔一家苏醒过来，发现这一次他们随着旋涡回到远古时代的石炭纪，他们见证了两栖动物登陆，并随着"炫目高速滑梯"和"大气时空旋涡"一路见证了马拉鳄龙等真爬行动物的诞生、始祖单弓兽等似哺乳类爬行动物的进化历程。这一路他们与沼泽顶尖掠食者擦肩而过，与林蜥相知相惜又别离，开启了一场骑龙大赛，最后亦寒和知奇两兄弟在深潭遇险，危急时刻，小白蛇找到了一把刻有蛇标识的钥匙，一家人得以重返龙城。惊险、刺激、感动、亲情伴随着他们的"四足时代"之旅。

回到龙城后，D叔反复琢磨这三次探秘之旅。他惊奇地发现：似乎少了什么？子鼠、丑牛、寅虎、卯兔、辰龙、巳蛇……这一次他们获得的"蛇钥匙"并不是他们猜想的那一把钥匙。这是怎么回事？

《解密物种起源少年科普丛书·四足时代》，精彩内容马上开始。

生肖犬秘钥

在《解密物种起源少年科普丛书·四足时代》中，D 叔一家拥有了一把刻有蛇标识的"蛇钥匙"。

在蛇钥匙的带领下，D 叔将受伤的知奇及时送回龙城医院，终于化险为夷。日月如梭，亦寒即将迎来自己的生日。7 月的炎热给了知奇和洛凡火一样的热情，他们决定周六晚在爷爷 D 咕教授家里为亦寒举办惊喜的生日聚会。黑暗隐者在生日前夜告诉亦寒，自己已经拿到了生肖马、生肖羊、生肖猴和生肖鸡秘钥，让他随时准备寻找生肖犬秘钥。周六生日聚会，缓解了亦寒低落的情绪。晚餐后，D 咕教授家的门铃响起。知奇发现门口有一个写着"亦寒亲启"的礼物盒。亦寒拆开，发现这是黑暗隐者送给自己的生日礼物——恐龙蛋化石。孩子们争先恐后地抚摸恐龙蛋化石，当化石轻触到幻本，新一轮探秘之旅在碰撞中开启。这次他们历经了梦幻般的龙谷探险，目睹了第一只鸟儿的飞翔，收集了四根神鸟的羽毛，唤出生肖犬秘钥，结束了龙鸟王国幻境之旅，但与黑暗隐者的博弈却才刚刚开始……

敬请期待《解密物种起源少年科普丛书·龙鸟王国》。

抢先看

目 录

"变态"的小蝌蚪

　　D叔一家带着可爱的洛凡经过惊心动魄的远古海洋探秘之旅，终于回到了龙城化石谷。回到家已是深夜，D叔和伊静都已经筋疲力尽，却又都反常地睡不踏实。伊静提起亦寒请求保管生肖牛秘钥，两人商量后决定满足亦寒，他们相信经过两次探险之旅的亦寒和知奇明白了承担责任的意义。

　　经过两次探秘之旅后，大家愈发珍惜在龙城的平静生活。D叔早出晚归在自己的实验室里辛勤工作，他时常告诫自己要把探秘旅程所看所学，融入科学研究中，早日将成果共享给大家。亦寒和知奇在龙城小学的学习和生活仍然烦恼与快乐并存，不过老师和同学们都感受到他们比以前更有责任感了。寒来暑往，转眼就到了春末夏初的5月。

　　星期五这天，D叔想起已经很久没有和孩子们共进晚餐了，便没有加班，难得地按时回家。伊静准备了丰盛的晚餐，并提议："明天是周末，我们去野餐吧！""能去西龙沟吗？那里还可以挖化石！"知奇赶忙把嘴里正嚼着的红烧肉吞下，声音提高八度喊道，然后指着桌上的盘子边比画边说："洛凡上次去，挖到比这个盘子还要大的化石了！""啊，是爸爸几年前挖掘过的西龙沟啊。"D叔笑眯眯地说道，"大的化石应该都被爸爸挖走了呀。""我也想去那里。"亦寒向D叔投去期待的眼神。D叔和伊静相视一笑："你们提了个好建议，爸爸举双手赞成。"

　　第二天一大早，伊静将各种干粮塞入D叔的背包。"亲爱的，我的背包可是装专业设备的啊。"D叔故意皱着眉头。"古人云：'民以食为天。'你忘了，在泥盆纪的大海上，关键时刻靠的不还是食物吗？"伊静想到上次探秘之旅的食物短缺危机，又往D叔的背包里多塞了点干粮。"妈妈，你这是随时随地预备着开启下一次探秘之旅啊！"知奇向妈妈做了一个夸张的表情。"未雨绸缪没什么不好。"亦寒这个小大人，一边说着一边把他的小白蛇放入口袋。

　　D叔一家的车很快驶入了"首夏犹清和，芳草亦未歇"的西龙沟。亦寒和知奇一下车就迫不及待地拉着D叔进入沟谷，找起"宝贝"来。伊静寻到一块平坦草地，铺开地垫。D叔指导完孩子们寻找化石的方法后，和伊静一起准备野餐。5月的西龙沟，阳光和着清风，鸟啼伴着花香。

　　"生命真是伟大和神奇。经过多少次的产生、灭绝、选择、适应，才造就了今天这样的生机盎然。"D叔回想起前两次探秘旅程，不由地感慨。

　　"是啊。你听，这鸟鸣真动听。"伊静停住，想仔细辨别鸟鸣的来源。

　　"'留连戏蝶时时舞，自在娇莺恰恰啼。'亲爱的，别琢磨了，此刻也做一只自在的娇莺吧。"D叔想让认真的伊静轻松下来。

　　"爸爸，妈妈！"知奇捧着一块小石头快速地奔来。

　　亦寒慢悠悠跟在后面，心里一直嘟囔着："我的弟弟，你可慢点，别把我们一上午辛勤的劳动成果都报废了。"

　　"你们看，我和哥哥挖到了宝贝，是化石。"知奇兴奋地向D叔和伊静展示他和亦寒

挖到的石头。D叔和伊静也探过头，仔细观察。

"爸爸，这是虫子吧。我觉得这里是它的两只脚。"亦寒凑过来，手指着化石。

"你们两兄弟真不错，这是一个完整的蝌蚪化石呢。"D叔冲兄弟俩点点头。

"蝌蚪？"亦寒疑惑地看着爸爸。

"是一只变态的蝌蚪。"D叔笑眯眯地说。

"变态？"亦寒和知奇同时瞪大眼睛，露出嫌弃的表情。

"此变态非彼变态，在生物学中啊，我们把小蝌蚪变成小青蛙这一时期称作变态期。这块化石有一定的价值，它刚好记录了蝌蚪长了两只后腿的阶段。如果这条小蝌蚪没有变成化石，过一段时间，它会变态出前面的两条腿。"D叔故意压低声音，好像在说一个大秘密似的。

知奇听后，捏住化石想对着阳光仔细观察，这块"变态小蝌蚪"化石却突然变得像肥皂一般润滑，从知奇手指间滑落，对着地垫上的幻本砸去。

"啊，我的化石。""呀，幻本！"随着知奇和伊静的叫声，一阵夹杂着花草香的大气旋涡将D叔一家卷入了又一次未知的旅程！

故事 **1**

河边戏水，初遇 "瘸腿小鳄鱼"

来自西龙沟的花草香还在空气中弥漫，阳光穿过树叶缝隙斑驳地洒在D叔和伊静的脸上，他们睁开双眼，几乎同时站起身来。

"这里不是西龙沟！"伊静下意识地拉住D叔的衣袖。

"亲爱的，看来我们新的探险之旅又要开始了。"D叔微笑地看着伊静。

"我之前夸妈妈未雨绸缪，看来夸对啦！"刚刚清醒坐起来的亦寒说道。

"知奇去哪儿啦？"伊静突然想起来，没有知奇的声音呢。D叔赶快环顾四周，他们此次在森林的平地醒来，不远处离地半米高的树杈上正骑着可爱的知奇。

"爸爸妈妈，我被树枝卡住啦！"知奇话音还没落，"扑通"一声已随着树枝掉了下来。

D叔和伊静几个大步就跨了过去。"摔伤了没？"伊静心急地问。

"哎哟！我的屁股呀。真倒霉！"知奇边揉自己的屁股边喊道。看到知奇没有大碍，大家放下心来。

"你应该庆幸自己没有被旋涡带到那棵树上！"站在后面的亦寒手指着一棵参天大树。"扑哧！"大家都笑了起来。

　　D叔从背包里拿出仪器，测量空气、地形等。伊静打开幻本又合上："D叔，怎么幻本这次没有提示？"

　　"亲爱的，有我在。我们会像之前那样安全返回。"D叔宽慰道。知奇和亦寒则拾起树枝，一会儿假扮打怪兽，一会儿又假装在进行击剑比赛。

　　"孩子们！过来吧，我们准备走出森林了。"D叔召唤大家在一起，"通过观测，我们回到了晚泥盆世。妈妈带了足够的食物，但我们水不够，得到水边安顿。"

　　"得在天黑之前走出森林。"伊静妈妈催促道。

　　"好噢，探险之旅正式启航！勇士1号准备完毕！"知奇把一根树枝当作宝剑别在自己腰间，手指亦寒："勇士2号呢？"

　　"我早就准备好啦。"亦寒可不愿意像知奇一样一直沉浸在游戏里："爸爸，往哪边走？"

　　"大家跟紧我，出发。"D叔在前面开辟道路，一家人正式踏上了探险旅程。

　　走出森林，他们发现到处都是河流、沼泽、湖泊，很难找到干燥的陆地。"我们就在这条河边扎营吧！虽然地上比较潮湿。"D叔话音刚落，亦寒就拿出小白蛇准备让小白蛇变身了。

　　"等等，亦寒。这次我们得让小白蛇变成吊脚楼了。"D叔笑道。

　　"小白蛇，变身吊脚楼！"随着亦寒的命令，一座优雅的吊脚楼矗立在河边的浅滩上。大家爬上楼梯走入吊脚楼，吃完午餐，短暂休息后，D叔和伊静开始收拾背包和行囊。

"爸爸，把你的背包借我一下呗。"知奇凑过来说。

"你要背包干什么？"D叔很好奇。

"等下你就知道了，把背包借我一下呗。"知奇神神秘秘地回答。

D叔把背包递给了知奇，下一幕让他有点目瞪口呆。只见知奇从背包中拿出了好多戏水玩具：水枪、水桶等。知奇边拿边喊："哥哥，快来啊，我们去打水仗。"

"小鬼头们，我这可是装专业工具的背包，你们什么时候装了这些东西？"D叔问道。

"我们这也算专业工具，专业打水仗的工具！"亦寒抄起一把水枪，就往外跑。难得看到亦寒也这样开心。

"估计是上次海洋探险之旅，孩子们遗憾没有戏水玩具，没能好好享受泥盆纪的海滩，所以回去就偷偷塞了玩具到你的背包。这两个小鬼头啊。"伊静妈妈觉得又好气又好笑。

"哈哈，这种机灵劲儿随他们爸爸！"D叔向伊静眨眼道。

"你这算王婆卖瓜，自卖自夸啊！"伊静打趣完D叔，对亦寒和知奇大声嘱咐道："亦寒，带好弟弟。不要往沼泽深处去，注意安全！"

"知道啦，妈妈大人。"远处飘来知奇的回答。

不一会儿，像小泥人般的知奇跑回来，大喊："爸爸妈妈，有小鳄鱼！"

D叔听闻，赶快冲了出来，往亦寒那里奔去。

"不见了。刚才还在河边，一下子就蹿到沼泽里去了。"亦寒抬起满是泥巴的花脸说道。

"是鳄鱼，爸爸。它会不会咬我们？"知奇又好奇又有点害怕。

"不知道是不是鳄鱼，长了四条腿。"亦寒瞪着眼睛说道，"但它后面的脚好像瘸了，爬走的时候，是拖着的。"

"就像这样！"知奇为了向爸爸展示它的样子，也不顾地上脏，趴在地上，仅用手的力量往前爬。

"起来吧，知奇！"伊静摇摇头，"我的两个小宝贝啊，妈妈真服了你们。赶快洗洗脸，换衣服啦。"

"现在天色也晚了，我们回吊脚楼吧！明天还有机会。"D叔竟也有点依依不舍离开了河边。

D叔一家清洗完毕，吃了晚餐。知奇、亦寒也累了，在爸爸妈妈的陪伴下，安稳地睡着了。第二天一早，D叔和孩子们就醒了。他们匆匆吃完早餐，就在河边"守株待兔"。

皇天不负有心人！"瘸腿小鳄鱼"真的出现了。

D叔仔细观察，"是它啊，伊静，把幻本拿过来。亦寒、知奇，这不是鳄鱼，而且它的腿就是这样的。"

"那它是什么？"知奇问道。

"这是鱼石螈，是从海洋登上陆地的早期动物之一。"D叔让孩子们仔细观察鱼石螈。

"看不清。我用望远镜。"亦寒正准备拿望远镜时，鱼石螈又溜走了。

D叔接过伊静递来的幻本，在空中幻化出鱼石螈的三维图像，"没关系，孩子们。看这里，我们通过科学研究出的鱼石螈复原图和真实的差不多。"

"它长得像我们上次探险之旅看到的空棘鱼！"知奇说道。

"非常好！"D叔表扬知奇，"鱼石螈的确很多地方与空棘鱼相似。"

"小白蛇，请记录！"亦寒回头望向吊脚楼。上次旅行结束，回到龙城的小白蛇经过检修和升级，增加了很多新的本领，其中一个就是辅助记录日记。亦寒可以更专心地听D叔讲解了！

鱼石螈
——一种最原始的两栖动物

这篇亦寒日记，由小白蛇执笔。这样，他就可以专心听D叔讲课啦！

经过上次磨难，D叔他们又给我添加了许多新本领。以前我总是懵懵懂懂，现在我明白了很多道理；我知道亦寒是我最好的朋友，我的使命就是保护他，帮助他。那就先从记日记开始吧。

下面，我正式开始写今天的探索生命日记了。

D叔一家观察到了鱼石螈，其实他们不知道，这条鱼石螈昨晚还从我的脚下穿过去了。D叔说鱼石螈是最早的四足动物，它是由肉鳍鱼进化而来的，所以，在许多方面它与肉鳍鱼相似，比如身体表面还保留细小的鳞片，外形像鱼一样侧扁，还有一条呈扁圆

状的尾鳍，但它已经不再是鱼了，而是两栖动物。

　　鱼石螈生活在3.67亿年前，化石发现于北美大陆和格陵兰岛，身长约1米，头部呈三角形，身体侧高，尾部呈扁圆状；已经进化出能呼吸空气的"肺"，但还没有人肺的功能那样强大，需要借助皮肤呼吸；身体上仍保留许多肉鳍鱼类的特征。鱼石螈在很多地方与提塔利克鱼（一种肉鳍鱼）相似，如头骨高而窄；鳃盖骨消失了，但仍有前鳃盖骨残余；颈部的关节可以使头部自主活动，更便于在陆地上捕捉猎物等；身体表面披有小的鳞片；牙齿上具有迷宫式纹路。鱼石螈的眼睛已经移到头骨的中部，而不再像肉鳍鱼那样位于头的前段，所以鱼石螈比肉鳍鱼视力要好。它们长出了四肢和五个脚趾，脊椎上已经长出关节突，便于脊柱弯曲活动；前肢的肩带不再与头骨连接，头部能够单独活动了。与鱼类相比，具有了明显的进步特性。

　　鱼石螈已经长有四条腿，为什么知奇和亦寒说它是"瘸腿小鳄鱼"呢？原来，鱼石螈的后肢不强壮，它们不能够支撑身体和用来行走，适合在水里生活。在水里游泳时，它的后肢用于辅助游泳，就像船桨一样；而到岸上活动时，则要靠它的前肢带动身体拖着它的后肢和尾巴爬行，犹如前轮驱动的轿车。所以这样看来，知奇模仿得很准确呢。

D叔总结了一下鱼和两栖动物的差别，鱼终生都生活在水里，身上有鳞，用鳃呼吸，有鱼鳔，用成对的胸鳍、腹鳍在水里运动，鱼的听力主要靠鱼鳔和身体中的水分振动传递到眼睛后的一个囊状物（脊椎动物内耳的雏形），鱼还没有发育中耳和外耳。"是噢，难怪我看不到鱼的耳朵。"知奇说道。"而两栖动物呢，它们的幼体，就是它们的宝宝，生活在水里，仍然用鳃呼吸，"D叔继续总结道，"成年后可以到陆地上生活，体表光滑湿润，可以辅助呼吸。两栖动物有四肢了，由鱼类的胸鳍变成前肢，腹鳍进化成后肢。肉鳍鱼就是这样一点一点登陆的。'原始肺'在进化过程中先分隔出一个一个小格子，犹如一个个肺泡，最后进化形成了肺。"D叔刚讲完，亦寒问："那两栖动物的耳朵呢？"D叔笑着说："虽然你们也看不到鱼石螈的耳朵在哪儿，但它比鱼类的耳朵有进步了。腮弓进化成了两栖动物耳柱骨，所以鱼石螈能够听到空气传来的声音，但不够清晰。"

脊椎动物进化的一次巨大飞跃，就是由肉鳍鱼进化而来的两栖类动物有了能够爬行的四足及五趾（指）。两栖动物还有主动猎食的嘴巴、用来撕咬的牙齿、用于呼吸新鲜空气的鼻孔和肺、保护眼睛的眼睑、适合陆地生活的三缸型心脏，以及能够在陆地上听到声音的耳柱骨。鱼石螈的出现是脊椎动物进化史上的第三次巨大飞跃，长出四足，爬行登陆。从此，两栖动物可以离开水到陆地上生活，但必须回到水里产卵繁殖后代。这一切都是生物基因突变条件下，自然选择作用的结果。

两栖动物与鱼的共同点：一是在水里体外产卵受精；二是在水里繁衍后代。

从进化的角度上，鱼石螈是我的小主人亦寒以及所有人类的祖先。

今天的日记就写到这里了，请小朋友们继续跟随我的小主人一家一起来探秘旅行吧。

潘氏鱼鱼鳍

提塔利克鱼鳍

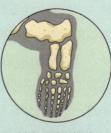

棘鱼石螈脚趾

鱼石螈脚趾

　　知奇听完D叔讲解，看着鱼石螈消失在沼泽里，一个念头在脑海里冒出："也许鱼石螈没有走远，就躲在沼泽的某个角落里。"

　　鬼使神差地，知奇竟然向沼泽深处走去，刚走出两步，就一脚陷在沼泽里，"救命！"

　　"不好，知奇！"亦寒向知奇跑过去，自己也陷入了沼泽。D叔和伊静眼疾手快一把拉住知奇和亦寒。D叔跟大家说："别慌张，我们一起使劲。应该很快就出来了。"但沼泽里好像有一个巨大的吸盘，将D叔一家紧紧吸住。

　　"小白蛇，变回来，帮我们！"亦寒呼唤小白蛇，想让小白蛇帮助大家脱离困境。话音刚落，D叔一家脚下的沼泽吸盘仿佛打开了一扇门，他们刚刚感觉到轻松，还没能拔腿时，"嗖"的一声，D叔、伊静、亦寒、知奇还有小白蛇都不见了。

炫目的彩色灯光，呼啸而过的各种动植物画面，垂直下落的失重感，让D叔、伊静也和孩子们一样情不自禁地大声喊叫出来。随着"啾、啾、啾、噗……"四声，D叔一家像被倒豆子般倒在了一条小溪旁的沙地上。"我的妈呀！"知奇张大了嘴巴，"真是太太太刺激了！"D叔拉起涨红了脸的伊静，笑着说："还好不？好像我们年轻时在欢乐谷坐的过山车吧！""我在沼泽的滑道里看到了很多我不认识的动物画面，像放电影一样。你们看到了没，不是我的幻觉吧！"亦寒变得有些激动，难得地说了一大串话。"哥哥，我也看见了，一个接一个地闪过，还有恐龙闪过！"知奇还在回味。

D叔走到小溪边，眺望了下对岸，指着对面的茂密森林，回过头对大家说："我们应

该到了石炭纪了。""嗖、嗖"的声音从上空传来，大家不由自主地齐齐抬头。"是无人机吗？"知奇眼疾手快，竟然跳上溪边的石头想抓住半空中的不明物。"是蜻蜓！"亦寒大喊。巨大的蜻蜓飞过小溪，但它的身影仍然牢牢锁住D叔一家的目光。"真的是蜻蜓？太大了，它两只翅膀打开都快一米了呀！"伊静刚缓过来又被惊住了。"伊静，孩子们，石炭纪也叫作巨虫时代！"D叔话音刚落，知奇已经卷好裤腿，走入了小溪，"快，我要追上大蜻蜓。我还没看够呢！"亦寒也做好了下水准备。D叔从背包里取出防水服，对孩子们说道："磨刀不误砍柴工。还是先来穿上专业渡水设备吧！"

　　一家人穿过小溪。巨大蜻蜓早已飞远了，知奇还没来得及沮丧时，一只半米长的类似蜥蜴的动物，引起了孩子们的注意。知奇和亦寒相视一眼，惊讶地捂住嘴巴。D叔也悄悄地加入观察队伍，伊静拿手比画着询问D叔，这动物是否安全，会不会咬人？D叔笑着摇摇头，让她放下心来。"爸爸，你认识它吗？"亦寒轻轻地问。"爸爸认识，这是蜥螈。因为当时是在美国西蒙城挖掘到的化石，所以也叫作西蒙螈或西蒙龙。"D叔压低声音刚说完，这只蜥螈慢悠悠地抬起了肚子，"蹭、蹭"一两步，竟爬进森林了。"哎呀！爸爸，你吵到它了。"知奇跟着蜥螈还不忘数落爸爸。D叔嘟着嘴，表示抱歉。一家人跟着蜥螈，走入了茂盛的森林，但却跟丢了蜥螈。知奇有些生气，坐在一棵大树的树根上，"大蜻蜓也飞走了，西蒙螈也跟丢了。这一天，太没劲了。""刚坐沼泽滑梯来的时候，你还说真是太帅了呢。"亦寒也坐下来。伊静拿出食物，分给大家并用幻本投放出了三维蜥螈图像。"还是你懂我。"D叔谢过伊静，对知奇和亦寒说："好了，爸爸将功补过，来给你们讲一讲刚跟丢的蜥螈吧。"还没开讲，D叔突然紧张起来："听！"他听到不同寻常的脚步声。

D叔和伊静赶紧把亦寒和知奇搂在怀里，躲在大树后。"沙沙沙"的脚步声越来越近，D叔的心跳也越来越快，因为他知道在远古的石炭纪，不应该有这种独特的脚步声。"会是什么，会有巨大的危险吗？"D叔心里一直在嘀咕。

脚步声停下来了！知奇屏住呼吸，偷偷在树后探出脑袋。这一眼过去，知奇雀跃地从D叔怀里挣脱，向脚步声停住的地方跑去。"站住！"D叔都没来得及制止。

"爷爷，洛凡。真的是你们。太好了。"知奇高声欢呼。

"知奇，终于找到你了，你都不带我玩。"洛凡一脸不满。

"爸？你怎么会来这儿？"D叔不敢相信自己的眼睛。伊静和亦寒也都愣住了。

原来，D叔一家本应在西龙沟挖完化石就回到D咕教授家吃晚饭。但D咕教授等了很久，也联系不到他们。心急的D咕教授带着自己的马头拐直奔西龙沟，没有发现他们的踪影，又赶回D叔家。在D叔家门口，碰到了一直在按门铃的洛凡。洛凡抬起她稚嫩的脸，跟D咕教授一本正经地说道："爷爷，我知道他们去哪儿了，肯定又去探险了。只是这次把我丢下了。"洛凡刚还是认真的表情，转眼就"呜呜呜呜"地哭了。"小洛凡，不哭不哭。如果他们真的又去探险了，爷爷的马头拐可以找到他们。"

"真的吗？"洛凡破涕为笑，"爷爷，您的马头拐和哈利·波特的扫帚一样，是不是？"

"哈哈，爷爷的马头拐可比魔法扫帚更厉害呢。上来吧！"爷爷伸手拉着洛凡一起骑上了马头拐。"扶稳啦！马头拐，发射时光波，找到D叔。"

一阵电闪雷鸣后，马头拐载着D咕教授和洛凡，转瞬间降落在石炭纪的森林里，实现了与D叔一家的大团圆。

"这是？"洛凡看到幻本投放的三维蜥螈图像，觉得十分有趣。"哦，爸爸刚要讲呢，被你们的脚步吓停了。哈哈！"知奇笑起来。

D叔对孩子们说："好了，大家团聚了，现在开讲。"亦寒连忙告诉小白蛇："小白蛇，请记录。"

蜥螈

——两栖—爬行动物间的过渡物种

今天，我第一次看到了巨大的蜻蜓，真的太壮观了。我想下次遇到危险，如果不能变形为飞机时，我可以变成大蜻蜓。后来我们遇到了蜥螈，虽然是个小家伙，但爬起来可比昨天看到的鱼石螈快多了。好了，D叔已经开讲，下面，我正式开始写今天的探索生命日记了。

D叔说，正如我们看到的，蜥螈身长60厘米左右，四条腿，一条尾巴，身体能够完全离开地面了，这可比鱼石螈进步多了。它的头骨变长，我们放大它的嘴巴，可以看到蜥螈的嘴巴里也有尖尖的牙齿。但蜥螈仍然喜欢依水而居。

知奇诧异地问D叔，蜥螈是两栖动物吗？它的宝宝是不是也像蝌蚪一样？

D叔摇摇头。

亦寒问D叔，蜥螈会爬行了，它也叫西蒙龙，是不是和恐龙一样，属于爬行动物了？

D叔还是摇摇头。

D叔说：从头骨构造和牙齿上来看，蜥螈是两栖动物。但它已经有了爬行动物的特征。比如头骨、椎骨、肩胛骨、趾骨等都类似爬行动物了。D叔调出了蜥螈的三维骨骼图像，"1，2，3，4，5"，知奇和亦寒对着图像，在数它的趾骨数。

D叔说，正是由于蜥螈具有比两栖动物进步的形态，蜥螈才被认为是两栖动物向爬行动物的过渡物种。

亦寒发现了蜥螈头骨上有一个小洞，他问那是不是第三只眼。D叔赞扬了我的小主人的想象力，可以说它是两栖动物的"第三只眼"，具有眼睛的特征，是用来感光的器官，学名叫松果体。知奇问D叔，会不会蜥螈越来越进步就变成了爬行动物。D叔说，其实蜥螈出现的时间晚于真正的爬行动物，所以蜥螈不是爬行动物的直接祖先。知奇听后，打起了十二分精神，他知道他们有可能马上遇到真正的爬行动物了呢。

今天的日记就写到这里了，请小朋友们继续跟随我的小主人一家一起来探秘旅行吧。

大团圆的兴奋退去后，大家回到森林的小溪旁。小白蛇变形为帐篷让大家安顿休息。夜色降临，只有他们"安营扎寨"的地方有些许亮光。孩子们这一天经历了太多，都累得早早睡去了。

"微微风簇浪，散作满河星。"D咕教授父子在小溪边散步。D叔担心穿越旅程中D咕教授的身体。D咕教授笑道，孩子们可以，他便可以。

夜色正浓，小白蛇感觉脚下土地正在松动。它紧急启动智能变形功能，变成了具有机械陀螺仪的大金属球，金属球陷了下去，滑梯高速下滑，但处于陀螺仪中间位置的D叔一家和洛凡依然沉浸在香甜的睡梦中……

　　一望无际的沼泽滩上，河流在任意切割着地面。荒无人烟的大地仿若一个巨大棋盘，棋盘上有一个孤岛，上面竟然支着一顶小帐篷。局促的空间让D咕教授首先醒来，他拄着马头拐走出帐篷，迎接着清晨第一缕阳光。

　　阳光逐渐明媚，D叔和伊静陆续走出帐篷。"我们被困在沼泽里了。"D咕教授转过身，向D叔云淡风轻地说着。D叔微笑回答："老爸，困不住我们的。谁让我们是父子兵呢。"

　　"哇，这是到哪了？我们坐滑梯了吗？"知奇醒来了，他的问题也会一个接一个地抛出。洛凡看了一圈，撇着小嘴，最后忍不住伤心地"哇哇"哭了起来。"怎么了？洛凡。不害怕，我们会想到办法走出沼泽的。"伊静蹲下来，边给洛凡擦眼泪边安慰道。洛凡摇摇头："不是的，我没有坐到漂亮的滑梯。"原来她是因为错过沼泽滑梯而难过。

"别伤心啊，洛凡。有第一次就有第二次，有第二次就有第三次，我们肯定还有机会的。"知奇拉起洛凡的手，希望她心情好起来。

"知奇说的没错。说不定我们要通过滑梯走出这片沼泽呢。"亦寒也宽慰洛凡。洛凡听亦寒和知奇这么说，也就止住了伤心的眼泪，期待下一次沼泽滑梯。

"洛凡宝贝，叔叔带你体验沼泽滑板。"D叔从背包里拿出宽大的滑板，"因为我们的孤岛太小了，小白蛇即使变成飞机也难以起飞。我们用这个滑板来穿越沼泽。"

"滑板？用滑板就不会陷进沼泽地吗？"亦寒非常好奇，不知道这是什么原理。

"滑板跟沼泽接触的面积比我们脚大得多，"旁边D咕教授拿过滑板跟自己的脚比了比："面积大了，压强就小了，我们就不容易陷下去了。"

"是的。爷爷说得对。"面对三个孩子疑惑的眼神，D叔肯定了D咕教授的解释。

"孩子们，你们还怀疑爷爷的知识水平？"D咕教授看到孩子们的表情，故意扭过头，板着脸说。

"哪有，爷爷，我们最相信您了，您是老科学家。"知奇看到爷爷的样子，马上笑嘻嘻地来到D咕教授的身边。

"什么叫老科学家，爷爷还年轻着嘞！"D咕教授轻轻弹了一下知奇额头。

D叔准备好三副滑板，让三个大人分别带上一个小孩。D咕教授武装好，带着洛凡，"嗖"地一下滑到了沼泽里。

知奇努努嘴："爸爸，我想要自己滑。"

"不行，有危险。还是妈妈带你。"伊静已经准备妥当，召唤知奇过来。知奇不情愿，也没有办法，走到了妈妈的滑板上。

"D叔，我们往哪个方向滑行呢。"妈妈带着知奇准备出发了。

"根据太阳和河流方向推断，从这边往前滑。其实有个瞭望指引就最好了。"D叔让亦寒踏好踏板，也准备前行。

"小白蛇，智能变形。"亦寒想让小白蛇帮助爸爸指引方向。

"嗖，嗖。"小白蛇张开了翅膀，智能变形为昨天偶遇的巨大蜻蜓了。

"真棒啊！小白蛇。"D叔忍不住地夸赞。小白蛇还垂下牵引绳索，分别拉住大家的滑板。三个滑板在小白蛇牵引下风驰电掣般驰骋在沼泽中。

D叔带着亦寒赶到大家的前头，他期望能早点看到陆地。D咕教授忍不住吟道："老夫聊发少年狂，左牵黄，右擎苍，锦帽貂裘，千骑卷平冈。"洛凡忍不住"哈哈"大笑起来。

知奇嫌弃妈妈的滑板不够快，总是让妈妈加速再加速，要追上亦寒。"知奇，坐稳点。别摇晃。"伊静努力控制，不让滑板倾斜，奈何调皮的知奇总按捺不住性子，左摇右晃。一颗沼泽里的石块，让妈妈的滑板失去平衡："哎呀，知奇。""妈呀！"知奇翻落到沼泽了，而快速行进的滑板早已将他落在身后了。

"小白蛇，快停下！知奇，知奇。"伊静快要哭了。

小白蛇立马停下，并掉转了方向。D叔示意D咕教授不必掉头跟来。他带着亦寒，扶起伊静，随着小白蛇快速赶到知奇身边。知奇双腿已经深陷进了沼泽，脸上满是泥巴和泪水，"爸爸，妈妈。""好儿子，别害怕。"赶来的D叔从背包拿出绳索，绑在知奇腰间。亦寒示意小白蛇发力，小白蛇正准备使力时，知奇竟从沼泽里弹出，"叭"的一声趴在了沼泽上。爸爸妈妈赶紧扶起全身都是泥巴的知奇。

"知奇，你怎么跳出来的？"亦寒问出了大家共同的疑问。"不是我自己跳出来的，是下面有个机关把我弹出来的。"知奇也一脸茫然的样子。

D叔心下狐疑，督促大家重拾前行脚步，赶快离开知奇下陷的地方。

"爸爸，快看。"亦寒发现沼泽里正冒出一个庞然大物。这个庞然大物游动速度非常快，转眼就游到了D咕教授身旁。"爸，小心！"D叔带着亦寒快速滑向D咕教授。

"走起！"D咕教授将马头拐斜撑住沼泽，一个推力将滑板快速偏移，刚好与庞然大物擦肩而过。看着庞然大物游走的背影，D咕教授和D叔都长吁一口气。"爷爷，那是什么？"洛凡抬头看到D咕教授的汗水都流到脖子了。"那是可怕的原水蝎螈呀！"D咕教授心有余悸地回答。

"我们加油吧，尽快滑出沼泽。原水蝎螈非常危险，不要再遇到它。"D叔让大家重新出发。

"可是它刚才救了我。如果不是它把我顶出沼泽，我还陷在泥潭里。"知奇接着说。

"它不救你，小白蛇也会把你救出来的。"亦寒提醒知奇。

"无巧不成书。虽然原水蝎螈这次帮助了知奇，但它的确是沼泽顶尖的掠食者。你们也看到了，它有2.5米长，游动起来速度也非常快。"D叔边滑边向孩子们讲起了原水蝎螈。"小白蛇，请记录。"亦寒仰起头，向空中的小白蛇吩咐。

原水蝎螈
——沼泽顶级掠食者

今天知奇可惹了个大麻烦，一不小心掉进了沼泽，沼泽差点把他吞掉。我还没发力时，知奇就被原水蝎螈顶出了泥潭。虽然知奇很感谢它，但D叔说原水蝎螈是沼泽的顶尖掠食者。

原水蝎螈的体形很大，长约2.5米，有四只脚。今天我们见识到它在沼泽里游动速度惊人，D叔说其实它在陆地上也爬得不慢，甚至有可能进入森林里觅食。亦寒问原水蝎螈是不是爬行动物，D叔摇摇头，说虽然原水蝎螈与史前的爬行动物有相似的体型，但严格说来，它是两栖动物的一种。"原水蝎螈拉丁文的意思是'早期的蝌蚪'。"D叔说道。

原水蝎螈体形大、爬行快、颚部强、牙齿利，这些都使得它可以吃鱼类、节肢动物及其他两栖类，它是一种危险的肉食动物，名副其实的沼泽顶级猎食者。今天D咕教授和它擦肩而过，真是虚惊一场。

不过原水蝎螈除了今天意外救了知奇立了一功外，它在生命进化历程上还有功劳，D叔说原水蝎螈可能后来演化成了爬行动物。

今天的日记就写到这里了，请小朋友们继续跟随我的小主人一家一起来探秘旅行吧。

　　"快看，前面是陆地了。我们赶紧'着陆'。"D叔指着前方，高兴起来。但想和他们一起"登陆"的还有原水蝎螈。"伊静，快跟上D叔。"D咕教授注意到了向他们游近的掠食者。

　　"是救我的那只原水蝎螈吗？"知奇努力地回头张望，想一睹自己"救命恩人"的风采。

蛇，钥匙
蛇，钥匙

　　"看样子它要攻击我们。"D叔观察后，有些着急。"小白蛇，加油！"亦寒向小白蛇投去鼓励的眼神。

　　原水蝎蜥爬行速度非常快，逐渐拉近了与滑板的距离。D咕教授余光瞥见一段浮木，灵机一动："马头拐，伸长变形。"D咕教授利用马头拐拉住巨大的浮木，横在原水蝎蜥和滑板之间。原水蝎蜥发怒了，张开满是锋利牙齿的嘴巴，撕咬浮木。而D叔一行趁着这个时间，迅速到达陆地，远离了原水蝎蜥。

　　D叔一家转危为安，都累坏了。大家席地而坐，吃完东西，补充水分，还没安排休息时，伊静的幻本首次发出了"蛇，钥匙"的提示音。伊静恍然大悟这是回龙城的线索；D叔则有些惊讶，因为幻本提示的竟然不是"老虎，钥匙"，但惊讶转瞬即逝，他向D咕教授解释秘钥和回归龙城的关系；亦寒则低着头想自己的心事，两小无猜的知奇和洛凡坐在地面上，开心地玩起"石头剪刀布"。知奇握着拳头，整个人停住，"地面又开始变软了。滑梯要打开了，准备好了吗？"大家都站起来，看来滑梯通道真的要开启了。这次洛凡可以全身心感受一下了！

温馨提示：涂出创意

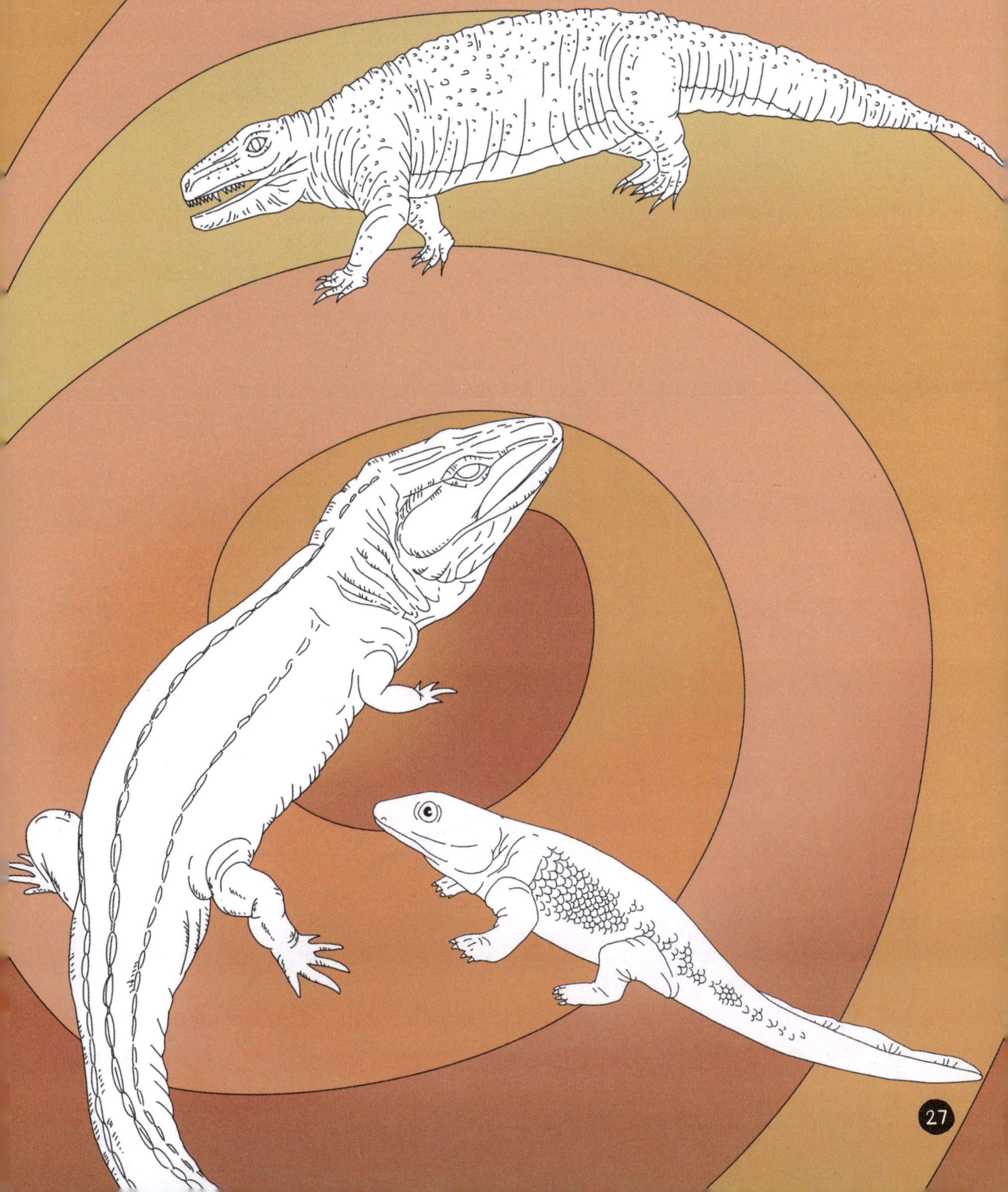

温馨提示：扫码听故事

潟湖泛舟，观摩"混世大魔王"

　　"洛凡，你看到了吗？"高速滑梯里传来的是知奇的声音，这一次他顾不上看炫目的影像了，而是一个劲儿地提醒洛凡。洛凡虽然最瘦小，但紧抱着兔匪匪的她却一点儿都不害怕，"我看到了呢！"一个旋转转弯，所有人都发出了"哇哦"的声音。D叔担心D咕教授，却不知D咕教授是名副其实的老顽童，他将马头拐举过头顶，沉浸在滑梯下滑的乐趣中。因为有趣，所以从滑梯滑出后，D咕教授和洛凡都觉得还没有过瘾。

　　"好热啊，还是滑梯里凉快。"暴露在骄阳下的知奇皱着眉头说。

　　"爸爸，那是大海吗？"亦寒指着远处的金色海滩。D叔远眺后像是喃喃自语："好像是吧。""太好了，我们可以去海边玩沙。"知奇瞬间舒展愁眉。伊静从D叔背包里为众人拿出防晒霜和存量不多的饮用水。孩子们装备好，喝完水就跑向海边。D咕教授喝了几口水，精神抖擞地说："孩子们都跑远了，我们加把劲追上啊。"D叔和伊静先后抿了口水，就把水壶装入了背包。

"D叔，我们这是到哪儿了。怎么天这么热？"汗流浃背的伊静气喘吁吁地问。"你都跟不上孩子了。回龙城后，可得加油锻炼身体啊。"D叔一边打趣伊静一边说："看气候和地形，我们应该处于炎热的二叠纪。爸，您老身体吃得消吗？""没问题！"话虽如此，D咕教授还是停下来撑住马头拐，擦擦额头上的汗。

"哥哥，这里的沙子太烫了。我觉得都可以烤红薯了。"知奇捧起一把沙子，立马就撒开了。

亦寒没有玩沙，却对着水面嘀咕："这不是大海！我都看到对岸了。"

洛凡的小脸被烤得红扑扑，兔匿匿躲在她的口袋里，"亦寒哥哥，D叔都说这是大海呢。"

"爸爸也会有出错的时候啊！"亦寒回过头盯着洛凡说道。

"我想去真正的大海，有海风，有不烫脚的沙滩。这里太热了，我都喘不上气了。"洛凡嘟囔着小嘴，委屈的眼泪又在眼眶打转。

"老爸老妈，你们可算跟上来了。爷爷呢？"知奇没有看到，D咕教授正拄着马头拐艰难行走在炙热的沙地上。

"小知奇，我在这儿呢。这下我不得不服老啊！"D咕教授长叹一口气说道。

D叔走到亦寒身边，也看到了水面不远处就横着岸堤。"爸爸，这不是大海啊。"亦寒期待D叔的答案。

"不错，亦寒。这是潟（xì）湖，是被沙坝分开的局部海面，看起来就像是夹在大海和陆地之间的一片水域。爸爸刚才看错了。"D叔讲完，亦寒对着洛凡吐了吐舌头，洛凡已经没有力气回应亦寒的鬼脸了。

此时，伊静的幻本在潟湖岸边发出了清晰的"蛇，钥匙"提示音，"D叔，看来我们要渡湖了。"

"再在这岸边待下去，三个小鬼也要被烤熟了。"D叔微笑着望向亦寒，"亦寒，看你的小白蛇了。潟湖是浅水区，一叶扁舟足够了。"

"哥哥，一定要加顶篷啊！"知奇赶快补充。

众人终于在小白蛇变成的扁舟里寻得了阴凉。船儿虽小，却游得快，湖面上阵阵凉风扑面而来，洛凡的心情也愉悦起来，"阿姨，我们的船是往那边的森林里开吗？"

"是的，我们得到森林边找到淡水。"伊静温柔地回答。

"洛凡，妈妈的幻本提示我们去那儿，我们会找到钥匙回龙城的。"知奇以为洛凡又想家了，便安慰起自己的小伙伴。

"钥匙还远着呢！"亦寒冷不丁地抛出这一句，大家都有些吃惊。只有亦寒自己知道，他体内的芯片一直没有强烈的钥匙感应，所以找到钥匙的路还很漫长。"呼、呼、

呼"D咕教授太累了，在小船的摇晃下竟然打起了呼噜。知奇和洛凡捂着嘴，想掩住咯咯的笑声。伊静做了个"嘘"的手势，大家都小憩片刻。

突然一个剧烈的摇晃，船头仿佛撞上了石头般，竟然侧转了身。"握紧扶手！"D叔大喊。伊静一手紧握住船沿，一手拽住身边的亦寒。亦寒则瞬间拉住了身子探出船沿的知奇。D叔赶紧把亦寒和知奇都揽在怀里，D咕教授一个激灵醒来，顺势用马头拐钩住船栏杆，一手环抱住身边的洛凡。小白蛇发力，控制住了船的方向，小船原地打了个转。"哇，好险啊。要不是哥哥，我就掉水里喂鱼了。"知奇边说边对着亦寒作了个揖。D叔来到船头看着水面，兴奋地说道："大家快看，真的有鱼，刚才我们的船估计碰到它了。知奇，你要掉下去可真不得了。"

一条巨大的黑影从水下渐渐浮出。"这是怪物吧。它比我们的船还长！"洛凡吓坏了，兔匪匪吓得毛发竖起。"不怕，洛凡。我和叔叔都在。"伊静挪到洛凡身边，搂住

她。一阵水花激起，水下巨物伸出了长长的嘴巴，像一根带刺的树枝一样。知奇和亦寒都看呆了，顾不上去擦脸上的水花，巨物就张开了嘴巴，将锋利如锯齿一样的牙齿亮出来。亦寒和知奇吓得同时缩回头，亦寒马上吩咐小白蛇远离这怪物。D叔则仍然痴迷地看着这吓人的怪物，说道："孩子们，这是两栖动物中的巨无霸——普氏锯齿螈。它正在追赶它的食物。"D咕教授一直摇着头："不敢相信，我能亲眼看到它。"小白蛇故意放慢了速度，普氏锯齿螈强有力的尾巴一摆，就快速游向前。

D叔一直站在船头，目送远去的普氏锯齿螈。知奇拉拉D叔衣袖："爸爸，它太大了，而且细长的嘴里竟然有那么可怕的牙齿。如果我掉水里了，它会咬我吧？"D叔回过神来："那是肯定的。这是普氏锯齿螈，两栖动物的王者，在二叠纪它真的称得上是'混世大魔王'啊。"伊静打开幻本，在小船上空投影了三维普氏锯齿螈影像。"小白蛇，请记录！"亦寒轻声说道。

普氏锯齿螈

——史前动物的"混世魔王"

　　今天来到的地方对于小主人来说，太热了。我的感应器也一直显示高温。还好在潟（xì）湖上，我变身的小船让大家缓了过来。高温把我的脑袋也烤糊涂了，在水里我竟然没有

第一时间发现普氏锯齿螈，还与它碰撞了一下。它又大又重，我被撞得转了圈，还害得知奇差点掉下去。幸亏小主人拉住知奇，不然在水里被普氏锯齿螈咬一口就太惨了。D叔已经开讲了，下面，我正式开始写今天的探索生命日记了。

　　D叔说，二叠纪的天气虽然炎热，但对于两栖动物来说却是天堂。这个时期森林里有巨大的昆虫，浅滩、潟湖里有诸多鱼类，而这个时期的统治者就是今天撞到我的普氏锯齿螈。普氏锯齿螈是水生两栖动物的王者，它身体长达9米，比我变形的小船还长一点呢。普氏锯齿螈还有"混世魔王"的称号，它也是当时地球上最大的两栖动物。

　　普氏锯齿螈的嘴巴又长又细又尖，而这细长的嘴巴里更有着锋利如锯齿一样的牙齿。D叔让知奇、亦寒、洛凡仔细观察普氏锯齿螈的四只脚。小主人今天没有看清普氏锯齿螈的四条短小的腿，可我在水里看到了，就像D叔说的，普氏锯齿螈四肢短小，但正是因为四肢短小，它在水里才能游弋自如。我难以想象它这么短的脚怎么在岸上行走，但D叔说它会在泥泞的沼泽里向前爬行。知奇听后说："这就是加长版的大鳄鱼。"亦寒不屑知奇总是把各种两栖动物都比作鳄鱼。D叔说普氏锯齿螈和现代的鳄鱼一样，都是凶猛的掠食者，所以庆幸知奇没有掉到水里。

今天的日记就写到这里了，请小朋友们继续跟随我的小主人一家一起来探秘旅行吧。

在D叔的讲解中，小船不知不觉已经靠岸了。岸边是泥泞的潮湿地带，众人都深一脚浅一脚地踩着泥巴往高处行走。"大哥哥好不好，咱们去捉泥鳅……"知奇应景地唱起了歌谣。"就在这边扎营吧。有树荫，离水边也近。"D叔寻得一块干燥的陆地，放下背包。亦寒有些心疼小白蛇，又得靠它变形帐篷让大家休息了。"哎，要是我的A咪梦也能变形就好了。"知奇看着亦寒捧出小白蛇，依依不舍地说道。"知奇，你的A咪梦也有其他本领。像我的兔匪匪，它们都很棒的。"洛凡放下兔匪匪，让惊吓了一天的兔匪匪也好好玩耍一下。

众人吃过晚餐，孩子们在不远处嬉戏。傍晚的凉风，夕阳下波光粼粼的潟湖，远处海天一色的大海，让D咕教授心生感慨："到处皆诗境，随时有物华。"伊静偷偷地笑了，D叔对她眨眨眼："我知道你笑什么，嘿嘿。我是遗传我老爸的'诗人'情结啊！"

"救命啊！"洛凡的喊声结束了短暂的愉悦时光。兔匪匪的身影吸引了爬上岸的普氏锯齿螈，它长长的嘴巴凑在兔匪匪身后。洛凡的呼唤提醒了兔匪匪，它一个跳跃就蹦上了洛凡的肩膀。亦寒、知奇拉起洛凡，拔腿往营地跑去。"混世大魔王"拖着大肚子和长长的身体竟然紧追不舍，万幸的是在陆地上孩子们的奔跑速度远远超过了"大魔王"。三个大人跑过来，分别抱起三个孩子。"快撤，拿背包和幻本。"D叔抱紧亦寒，弯下腰拿身边的幻本。D咕教授背起洛凡，用马头拐勾起地上的背包。

普氏锯齿螈匍匐着追到了营地，一摆尾，掀翻了帐篷。说时迟，那时快，小白蛇智能变形启动——巨大的氢气球载着D叔一行人缓缓升起。而在空中等待他们的是久违的带有西龙沟花草香的旋涡。

"爸爸，我们要回龙城了吗？"知奇的疑问还没有得到回答，众人已经消失在森林上空。

故事 5
泪洒石炭纪，惜别"迷你小恐龙"

　　带有西龙沟花草香的旋涡并没有将众人带回龙城，而是让大家降落在一片灌木丛。对这个结果最不诧异的就是亦寒了，因为他体内的芯片一直提示继续寻找生肖蛇秘钥。倒是洛凡明显有些失落，但这种失落的情绪一会儿就让知奇的宽慰冲淡了。

　　"没有回到龙城啊！也好，我还没玩够呢。洛凡，你才坐了一次滑梯就回去，不值啊！"

　　"为什么我们这次没有坐滑梯呢？"敏感的亦寒问起了D叔。D叔也觉察到不同，但也不知为何，"是有点不一样。但我还不知道原因，我们一起留心，相信会找到答案的。"D叔鼓励地说。

　　伊静打开幻本，期望幻本能有所提示，但此刻幻本安安静静。伊静向D叔投去了无

奈的眼神。"没关系"，D叔安慰伊静，并与她商量，"这个灌木丛旁很适合落脚。我想我们需要放慢脚步，让老爸和孩子们好好休整一下。这几天太奔波了。"看着一家老小，伊静会意地点点头。

D咕教授坐在小白蛇变形的帐篷里，检修自己的马头拐。幸亏有马头拐抵挡住了普氏锯齿蝾的攻击！回想起之前的惊险情景，D咕教授又兴奋又紧张，随后袭来的是深深的疲倦感。马头拐还没检修完，他就沉沉地睡去了。孩子们还在一旁打闹，伊静连续做了几个"嘘"的手势都止不住他们的吵闹声。"孩子们，来这儿！"D叔想到了让他们安静的法子："喏，拿着这些。亦寒，你带着知奇和洛凡到那片树丛搭载露水收集器。不要走远！"孩子们领了任务，高兴地往树丛里走了。伊静急忙站起身来。"亲爱的，我知道你担心有危险。"D叔没等伊静开口就说道，"我刚才都勘探过了，这里比较安全，孩子们也在我们视线范围。"

亦寒按照爸爸的说明，和知奇、洛凡一起很快就支起了集水器。"这个会收集到露水吗？"洛凡表示怀疑。"可以的。我以前和爸爸去露营就用过。"知奇自豪地说道，"塑料膜上的露水会向下流到桶里。明天早上我们来取吧。"

连续几天，三个小鬼头积极地去取露水。这种热情都超过了D叔和伊静的预期。"想不到孩子们很有毅力和责任心。不像以前，就一会儿的新鲜劲。"伊静感到欣慰，但她不知道，并不是取水的工作让孩子们乐此不疲，而是另有原因。

取水的第二天，知奇在集水器旁发现了一只特别的动物。它只有20厘米长，外观有点儿像变色龙，又有一点像小恐龙。亦寒和洛凡保持警觉，不敢离得太近。而大胆的知奇则慢慢地靠近，将地上一只死去的飞虫扔过去。这只小东西竟然吃了扔过来的飞虫，还歪着头看知奇，样子有趣极了。

知奇也高兴坏了，拍着胸脯跟亦寒保证，这只迷你小恐龙绝对不会伤害自己。一连几天，这只"迷你小恐龙"都准时守在集水器旁，仿佛在等待知奇他们的到来。知奇也每天收集着飞虫，取水时喂给"迷你小恐龙"。亦寒和洛凡也先后加入了喂食队伍。这只"迷你小恐龙"成为三个小伙伴共同的秘密，也成为他们每天早早来取水的动力。

这一天，孩子们再次来到露水收集器旁，发现"迷你小恐龙"好像受伤了。孩子们带来的飞虫，它一只都没吃。亦寒和洛凡左看右看，也没看出原因。还是知奇细心地发现了一根细小又尖利的木刺，正扎在"迷你小恐龙"的脚上。"你们按住它，我来帮它拔掉。"知奇卷起袖子，自告奋勇来拔刺。洛凡有些害怕，她一直缩着手抚摸兔匪匪的头。亦寒按住"迷你小恐龙"的背，"小恐龙"忽然张嘴，发出警告的声音。吓得亦寒

和知奇赶快缩回手。

"怎么办？"知奇有点着急，想帮忙却又无从下手。

"我觉得还是让D叔过来看看吧。"洛凡也很着急。

"我守在这儿，防止'小恐龙'跑丢了。"知奇不想离开"小恐龙"半步。

"你让A咪梦帮忙喊爸爸过来。我们在这儿陪你。"亦寒在关键时候提醒了知奇。

"对哦。A咪梦，联通爸爸。"知奇召唤出自己的精灵A咪梦。"我的'小恐龙'，你坚持一下。爸爸很快就来了，他肯定能帮你。"

D叔、伊静还有D咕教授匆匆赶来。"是一只小林蜥。"D叔边说边和D咕教授一起安抚林蜥，并拔出了木刺。看着D叔和D咕教授拥有魔法一样的双手，孩子们知道还有很多知识和技能需要学习。"妈妈现在才知道，你们三个小鬼这么积极取水的原因了。"伊静佯装生气道。三个小鬼都笑了。

"爸爸，它会变色吗？"知奇赶快问爸爸。"恐怕不行！这只林蜥应该是被集水器吸引过来的。"D叔看着慢慢恢复的林蜥回答。"走吧，我们该回营地了！"伊静拿着集水桶，召唤大家回去。"'小恐龙'，明天见！"知奇跟林蜥作别后，就缠着D叔问这问那。回到营地，D叔立即打开幻本，投射出林蜥的三维图像，开讲。

"小白蛇，请记录。"

林 蜥

——一种最早的真爬行动物

　　我变成帐篷的时候，知奇他们竟然找到了一个新的小伙伴，难怪这几天小主人一大早就着急地往森林里跑。

　　D叔说小主人的新伙伴叫林蜥。看到它，D叔就知道这次来到了晚石炭世。D叔说林蜥体长在20~70厘米。这次小主人一家救的应该是小林蜥了，不然知奇为什么叫它"迷你小恐龙"呢。下面，我正式开始写今天的探索生命日记了。

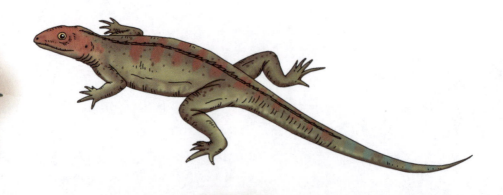

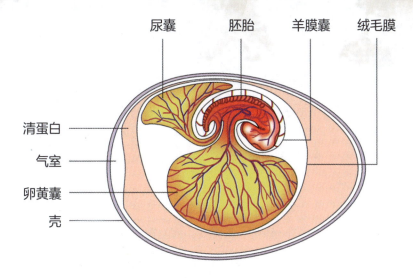

尿囊　　胚胎　　羊膜囊　　绒毛膜

清蛋白

气室

卵黄囊

壳

羊膜卵结构示意图

D叔说林蜥是已知的最早的爬行动物之一，是真爬行动物类。它与我们这次旅行看到的动物不同，之前的鱼石螈也好，普氏锯齿螈也罢，无论它们的样子有多么不一样，它们都属于两栖动物，而林蜥则属于爬行动物。爬行动物是由两栖动物进化而来的。

爬行动物的特征：具有2个心房、2个心室，但2个心室之间有一半连通，属3.5缸型心脏，造成动脉血、静脉血混合循环，属于变温动物，所以爬行动物一般不具有孵卵行为；有冬眠习性；肺功能比较完善，完全依靠肺呼吸；四肢变得强壮有力，完全适应了陆地生活，后肢用来爬行；主要在陆地生活的爬行动物，为了避免强烈的阳光和沙尘风暴的袭击，使体内水分免于蒸发和身体免受伤害，爬行动物体表发育了鳞片；抱团体内受精，雄性将精子直接射入雌性泄殖腔内；雌性必须将卵产在陆地上，卵是具有硬的外壳的羊膜卵，我们常吃的鸡蛋就是羊膜卵；既可以是肉食性，也可以是植食性，植食性爬行动物发育了盲肠，用来消化植物纤维，肉食性爬行动物一般不发育盲肠；四肢发达，长在身体的两侧，只能爬行前进，不能后退，运动不快；每个脚上一般只有5个脚趾，前肢只用来爬行，不能协助捕获猎物；发育的听小骨，也只有1块耳柱骨，不发育外耳郭，与哺乳动物相比，听力欠佳；牙齿并没有分化，只具有巨大的撕咬能力，不能咀嚼，将猎物吞咽下去。

爬行动物产蛋繁殖是脊椎动物进化史上的第四次巨大飞跃，产羊膜卵，征服陆地。它们的繁衍生息无需返回水里，这为爬行动物向陆地纵深发展创造了条件。

羊膜卵最外面是一层钙质的硬壳，内部由羊膜囊、尿囊和卵黄囊三部分组成，就像一个密封的育儿单元房，羊膜囊是胎儿的卧室，卧室犹如一个羊水袋，胎儿就沉浸在羊水里；尿囊就是卫生间，是胎儿代谢物排泄的地方，尿囊上布满毛细血管，供胎儿吸收氧气，排放二氧化碳；卵黄囊好似厨房，为胎儿提供各种营养。后来哺乳动物在腹中孕育胎儿，就是在羊膜卵的基础上进化而来的。

在自然选择下，后来的爬行动物在进化上有了明显的进步，四肢长在了身体的正下方，如恐龙，不仅可以直立行走，甚至可以两足奔跑。这是脊椎动物在进化上的又一次巨大飞跃。

林蜥是第一个被发现的真爬行动物，形如蜥蜴，生活在3.15亿年前。它进化出主龙类，主龙进一步进化出翼龙、鳄鱼和恐龙，兽脚类恐龙最终进化成鸟类。林蜥有锐利的小型牙齿，以昆虫为食。四肢长在身体的两侧，各有5个脚趾，只能向前爬行。

D叔谈到这儿，知奇捂着嘴笑了，说："爸爸，我当然知道它吃什么啦。这几天我和哥哥都在喂它虫子呢。"D咕教授这才恍然大悟说："难怪昨晚，我拍死的一个小飞虫，你们都来抢！"大家都忍不住笑起来。

D叔和D咕教授分析，这次见到的动物是爬行动物，而不再是两栖动物。也许这就是滑梯变旋涡的原因。

我脚下的土地在下陷。我要智能提醒小主人了！

今天的日记就写到这里了，请小朋友们继续跟随我的小主人一家一起来探秘旅行吧。

小白蛇发出了智能警报声。

"快，大家赶快进帐篷。"D叔帮着收拾好幻本，伊静指挥大家赶紧走进帐篷。"爸爸，还有集雨器，还有'小恐龙'，我还没能和它告别。"知奇迟迟不肯进帐篷。"来不及了。集水器，我们还有材料可以再做的……"没等D叔说完，知奇就打断了D叔，"你看！"那只林蜥竟然跟着大家来到了营地，"爸爸，我想带着它一起回龙城。我会像照顾变色龙那样照顾它。求求你了。"知奇双手合十向D叔请求。

"不行，我们的旅程很危险。最重要的是它属于这个时代。"D叔严肃地说。

"可是我们都从龙城去到了不同时代……"

"没有可是，你也经历了很多危险。如果你喜欢它，就抓紧时间跟它说再见。"D叔让知奇告别"小恐龙"。

　　"小恐龙，再见！"知奇流下了不舍的泪水。滑梯通道打开了，知奇被爸爸拉着，最后一个进入通道。他还沉浸在别离的伤感中，泪水不停地涌出。但是知奇不曾想到的是，紧跟在他身后，进入通道的就是他的新伙伴"迷你小恐龙"——林蜥。

故事 6
误闯禁地，惊魂三叠纪雨季

　　知奇抬头，惊讶地发现小林蜥也在滑梯内。只是高速的下滑吓坏了小林蜥，它的尾巴向内紧紧夹在后腿之间。知奇伸出手，拉住了林蜥并捧回到自己胸口。耳旁是呼呼的风声，知奇也顾不上林蜥是否听得见，自顾自地高喊："别害怕，别害怕。我会一直保护你。"

　　知奇从来没有觉得滑梯有如此之长。在通道尽头，迎接他们的不再是明媚或炙热的阳光，而是一场似乎不会停止的瓢泼大雨。雨势之大，让大家看不清彼此，也听不见彼此说话。洛凡已经呛入了好几口雨水。知奇小心翼翼地把林蜥塞入已淋湿的口袋里。D咕教授紧紧撑住马头拐，但在满是雨水的地面上找到着力点都很困难。D叔边吐雨水，边喊："大家原地稳住，不要走散。"但"哗哗哗"的雨声早已掩盖了D叔的呼喊。亦寒低下头，拨开湿漉漉的衣服口袋，拿出小白蛇。

　　雨水不停冲刷地面，小白蛇明白在大雨中难以变形为固定场所。于是它启动智能变形，带有陀螺仪的超大透明防水雨球将众人包入。

　　"从来没有见过这么大的雨！"全身湿透的伊静边从背包拿替换衣物边说。"我都感觉不能呼吸了，还好林蜥没事。"知奇连忙捧出林蜥，满眼怜惜道。D叔看到林蜥，轻轻地叹了口气。

　　"阿姨，我没有衣服可以换。兔匣匣的毛也都湿透了。"洛凡眼巴巴地望着伊静。

"你可以穿知奇的，当回'假小子'吧。"亦寒笑着说，"或者，让小白蛇再试着加一个烘干机功能。"话音刚落，球内的平板桌面开了一个小窗，烘干窗口出现了。

"小白蛇真是本领见长啊。"D咕教授不由地称赞道。D叔把手搭在雨球上，双眼尽力地向外眺望："也不知道小白蛇随着这雨水，能滚动到哪儿？"

"既来之，则安之。雨水总有停歇的时候吧。"伊静安慰道。

"也是，这么大的雨，我们不怕'饮用水'不够了。"D叔回过头笑着看伊静。

收拾完潮湿的衣物，大家的心情也跟着轻松起来。烘干毛的兔匪匪，毛茸茸的可爱极了，洛凡亲了又亲。知奇和亦寒则照顾着林蜥，他们都期盼雨水早点停歇，好出去为林蜥找食物。

　　防水球突然一个急刹车，大家也集体跟跄了一下。D叔看看球外说："应该被什么卡住了。这雨怎么还没停！"

　　同样在观察外面的亦寒，侧头向D叔道："好像雨小多了。我们只能卡在这儿等雨停了。"

　　"Rain, rain, go away. Litter 'ZhiQi' wants to play!"知奇看着雨水模糊了的球外世界，改编起童谣。大人们相视一笑，与天真乐观的孩子们在一起，没什么困难能被吓到。

　　终于，外面的世界终于渐渐清晰了，这场大雨要停了。小白蛇待大家走出，立马变回原形。经受了雨水的冲刷，又被一堆石块卡住，小白蛇也筋疲力尽了。"谢谢小白蛇，好好休息吧。"亦寒轻轻将它放回口袋。

　　前方是一个红色的小土坡，雨水在它上面留下了一道道深浅不一的沟渠。D叔让大家在坡脚下等待，他两步并一步，冲上山坡，打探环境。

　　"我以为下了大雨会凉快呢。原来也这么热！"知奇等得都有点不耐烦了。

　　"知奇哥哥，你看这红色的山像不像迷你版火焰山？"洛凡笑着问。

"像。所以我们是孙悟空来取经。哈哈，谁是猪八戒？"知奇对亦寒眨着眼睛。亦寒白了知奇一眼，赶快问归来的爸爸状况如何。

"看地貌和植被情况，我们是来到了炎热干燥的三叠纪早期。我们应该感谢这场大雨，不然接下来喝水都成问题。"D叔看着知奇，"你要照顾好林蜥，它并不适合这个时代。跟上我，翻过山坡在那边水滩边扎营。"

到达水滩，大家都想让小白蛇多休息一会儿，没有让它变形为房子。D叔拿出净水设备，伊静收集着雨水。洛凡带着兔匪匪在一旁等待，并要兔匪匪显身手，测试水是否能饮用。知奇拉着亦寒一起去寻找林蜥的食物。D咕教授拄着马头拐，沿着水滩边散着步。伊静微笑着对D叔说："爸爸怎么还没有吟诗感慨一番？"D咕教授此刻没有心情吟诗，他有些隐隐担忧。转眼间，担忧成了现实。

"'小恐龙'快跑！"

"快，快回来！"知奇、亦寒的喊叫此起彼伏。

D咕教授拎起马头拐循呼声前去，D叔也奔向知奇。

洛凡扑进伊静怀里。不远处，亦寒往营地方向拉扯着知奇，知奇则极力往相反方向挣脱。在他们的后方，林蜥愣在原地一动不动，而它的后面则趴着一条长达2米的大鳄鱼，顷刻间就要张开血盆大口。

知奇使出吃奶的力气挣脱了亦寒，他弯下腰双手向林蜥搂去。这只"大鳄鱼"昂起头，即使它没张口，一排锋利牙齿都已露出。

待它张开大嘴，密密麻麻锋利无比的牙齿眼看就要咬住知奇。D咕教授来不及多想，将自己的马头拐发射出去。"嗷"的一声，"大鳄鱼"咬住了马头拐。千钧一发之际，D叔和D咕教授分别抱起知奇和亦寒，往营地飞奔。知奇已将林蜥搂入自己怀里。亦寒喃喃道："爷爷，你的马头拐！"

"快，伊静。带着洛凡，我们撤到山坡上。"D叔大喊。一行人撤到山顶平坦处，才歇息下来。亦寒拿出小白蛇："小白蛇，辛苦你！"一座牢固的白色小屋坐落在了山顶。知奇放下林蜥："对不起，爷爷，弄丢了你的马头拐。"

"你们安全最重要。我想那加斯马吐鳄不会对马头拐感兴趣的，等它走远了，我再去找回马头拐。"D咕教授说完，捧起水杯，咕噜咕噜喝了一大杯水。爷爷这次真的被吓到了，也累坏了。

"加斯马吐鳄？"亦寒看向爸爸。伊静分给大家食物，也贴心地调出了幻本里的加斯马吐鳄三维影像。小林蜥和兔匪匪看到都后退到各自主人的怀里。D叔开始讲解这个让大家惊魂的可怕动物。"小白蛇，请记录。"

加斯马吐鳄
——一种最早的主龙形类爬行动物

今天真的是惊心动魄的一天，我也第一次遇到这么大的雨。以前在龙城，遇到下雨，主人都会把我装起来，怕我淋湿。这次不一样了，我必须要坚强，保护好小主人。雨停以后，说实话，我也真的累了。所以小主人和知奇遇到加斯马吐鳄这个可怕的家伙时，我还在休眠中。下面，我正式开始写今天的探索生命日记了。

D叔说加斯马吐鳄属于主龙形类爬行动物，它们在2.5亿年前第四次生物大灭绝后，开始称霸三叠纪。我的小主人问为什么它长得像鳄鱼，还属于主龙形类呢。D叔说，主龙形类是一类较古老的爬行动物，看起来像鳄鱼，但绝不是鳄鱼。它们有狭长的嘴巴，粗壮的四肢，锋利的牙齿，以及粗而长的尾巴……D叔继续讲解，后来主龙形类爬行动物进化成主龙类。主龙类希腊文意为"具有优势的蜥蜴"，主龙类爬行动物又分为镶嵌踝类主龙和鸟颈类主龙两大类。镶嵌踝类主龙是所有鳄鱼的祖先；鸟颈类主龙是恐龙、翼龙类和鸟类的祖先。加斯马吐鳄是已知最早的主龙形类（不是恐龙）之一，身长2米左右，背部有坚硬的鳞片。它的口鼻部分较长并且向下弯曲，D叔说这个弯曲有利于它咬住猎物。我的小主人看到加斯马吐鳄嘴巴合上时，上颌有一排锋利牙齿露在外面。D叔说上颌有一排牙齿，是主龙类的原始特征，现在已经消失。不过加斯马吐鳄牙齿有多锋利，知奇应该看得很清楚，因为他当时离得最近啊，就是不知道这只加斯马吐鳄有没有将D咕教授的马头拐咬坏。

我很诧异D叔他们回到营地，为何还要大家跑到山顶。原来D叔说，加斯马吐鳄外表和行为都类似现代鳄鱼，是半水生的猎食动物，所以在水滩边的营地有可能受到加斯马吐鳄的袭击。这样看来，还是山顶最安全。

今天的日记就写到这里了，请小朋友们继续跟随我的小主人一家一起来探秘旅行吧。

听完D叔讲解，知奇对着小林蜥轻轻地说道："这里很危险的，你一定要听话，不要乱跑。""这些话你自己也要听呢。"亦寒像小大人般嘱咐知奇。

夜色降临，D叔带好装备，在伊静和孩子们的嘱托中，与D咕教授一同出发去找回马头拐。走出小屋，山风袭来，皓月当空。想起白天还是大雨滂沱，此刻却又是清风明月，D咕教授和D叔异口同声道："暴雨过云聊一快，未妨明月却当空。"说完父子对视

大笑起来。走到下午的地点,加斯马吐鳄已经不知所踪,马头拐就静静躺在旁边。D咕教授呼唤的哨音响起,马头拐像有灵性般弹回到D咕教授手中。

"老爸,没什么大碍吧。"

"你看,这里有那家伙的牙痕。没事,我的马头拐一直都是好样的。有这些伤痕,更证明它的英勇。"

孩子们都已熟睡。伊静一直在焦急等待,看到D叔二人携带马头拐平安归来,她也放下心来。一家人和衣而卧。夜深沉,梦香甜……

温馨提示：
涂出创意

D叔漫时光

53

D书墨香

温馨提示：扫码听故事

故事 ⑦

漫步红色沙石，D叔解惑 "袋鼠还是恐龙"

灼热的太阳炙烤着大地。广阔无垠的红色沙石上，一座大帐篷孤零零地矗立，更显得荒凉。

D叔一家走出帐篷。"不是吧！我们到沙漠里了。"知奇大喊。阳光暴晒下，D叔只能眯起双眼，打量四周。伊静拿出防晒装备。"大科学家，戴上防晒镜打量吧！"伊静将防晒镜递给D叔。亦寒关心小白蛇，在D叔明确要换地扎营后，赶快让小白蛇变回原形，到自己口袋里休息。

"哎，这里植物稀少。我们不容易找到休息的地方。"D叔向D咕教授望去。D咕教授说："是啊，这里参照物太少，一时半会儿也难以知道我们处于什么时代、什么方位。"D叔和D咕教授都沉默不语。伊静拿出幻本，发现幻本闪着柔和的光芒，伊静知道，他们离钥匙更近了。但是幻本也没有发出提示音，给出明确前进的方向。

"我不知道你们上次的探险之旅是什么样。但这次一路走来，我发现我们好像是随着结识动物而一路穿越呢。"D咕教授拄着他的马头拐，像大侦探福尔摩斯一样分析起来。

"是哦。爷爷，所以我们遇到的算神奇动物吧。"知奇拍起手来，然后捧出林蜥："小恐龙，原来你这么重要，你好棒。"

"这里光秃秃的，我们去哪儿找动物啊？"亦寒踢着地面上的红色石块。"对，我还得找昆虫喂林蜥呢。"知奇也皱起眉头。

D叔看着这一片红色沙石，拿出测量仪器，就地做起实验来："我们应该在三叠纪，这红色砂岩就是这个时代最显著的特征。我测量了地面下的湿度，所幸我们现在不在沙漠。"D叔边说边收拾好设备，"我们要走出这片沙地，三叠纪即使最干旱的时候也有耐旱的蕨类植物和针叶类植物。即使真的有神奇动物，我们也需要找到有植物生长的地方。"说完，D叔对着D咕教授眨了眨眼。

"我想龙城的家了。"洛凡抱着兔匪匪，抚摸着高温干燥天气下兔匪匪干枯分叉的毛发，"你看，兔匪匪的毛都干枯了。""洛凡，等到了落脚的地方，兔匪匪吃点草就好了。就像我的'小恐龙'一样。"知奇给洛凡加油鼓劲儿。

烈日炎炎，D叔一家艰难地走在红色沙石上。"感觉比见到'混世大魔王'普氏锯齿螈那次还要累啊。"D咕教授停下来，擦着额头的汗。"爸爸，喝点水。您老这一路辛苦了。"伊静将水送给D咕教授。"每到这个时候，就得服老了。"D咕教授像是喃喃自语。

太阳的位置仿佛一动都没动，但大家都觉得已经走了有一个世纪那样长。"就地休息一下！"D叔招呼大家。"爸爸，我坐在这儿，屁股会被烫伤的。"知奇摇摇头。"咱们呢，站着休息一会儿，喝点水，就动身。"D叔也呼呼地直喘气。

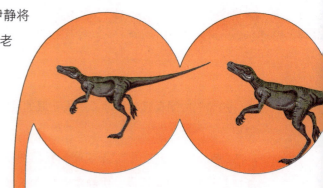

"爸爸，我记得有一次我们观察候鸟，你给我们用过专业望远镜的，还在你的背包里面吗？"亦寒说道，"也许我们用望远镜能找到神奇动物，然后就坐滑梯通道，滑到别的地方吧。"

"小鬼头，喏，给你们一人一个。"D叔翻了翻背包，很快拿出了望远镜。

孩子们拿着望远镜，暂时忘记了跋涉的劳累。看一会儿天上的白云，看一下远处的沙石，再看一下彼此。偶尔还透过小伙伴的望远镜做鬼脸，玩得不亦乐乎。

"咦，兔匪匪，看到你同伴了。"洛凡的望远镜视野内出现了一种动物。

"哪里？"知奇赶紧透过望远镜望去，"是大兔子。噢不，是袋鼠。"

"叔叔，我们一定是到了澳大利亚，我们可以回家了！"洛凡兴奋地挥舞着望远镜。

D叔和D咕教授都打起了精神，调整望远镜观察。一只、两只、三只，越来越多的动物进入了望远镜的视野。"爸爸，我们往那儿走吗？"亦寒问D叔。"当然。那么多马拉鳄龙在那儿，肯定有植物和水源。出发！"D叔做出了前进的手势。

地面的植物逐渐多了起来，大家知道方向走对了，心情也愉悦起来。孩子们已经小跑追逐起来，大人们背着行李也加快步伐。寸草不生的沙地慢慢地落在了他们身后。

D叔一行在跑，马拉鳄龙也在跑。"咦，它们刚刚明明就在这儿"，洛凡走入一片灌木丛，东瞧瞧西看看说道。"袋鼠蹦起来很快的"，知奇把林蜥放在树丛中，让它自己去觅食。"爸爸都说了，不是袋鼠，是恐龙"，亦寒纠正知奇。"恐龙怎么可能还长毛？"知奇有些怀疑。"也许它们是兔匪匪的祖先，是大兔子。"洛凡也加入进来。"大家就在这儿扎营吧！"D叔听到孩子们的争执，赶快说道，"亦寒，爸爸可没说是恐龙啊！当然更不是袋鼠，也不是大兔子。它们的名字叫马拉鳄龙。"

伊静调出了马拉鳄龙三维影像，说："孩子们，都别争了。让D叔给你们解惑吧。"D叔喝了口水，点了点头。

"小白蛇，变形并请记录。"亦寒拿出小白蛇，漂亮的帐篷支起。

马拉鳄龙

——类似恐龙的鸟颈类主龙

上次从滑梯通道出来遇到超级暴雨，这次出来又在沙漠里炙烤，我的小主人一家太辛苦了。D咕教授分析我们每次新的旅程契机，都是因为发现了神奇动物。可这空旷荒凉的沙石地，没有植物，更看不到动物。D叔他们跋涉得很艰辛，幸好小主人想到了望

远镜，才得以观察到马拉鳄龙。我们现在才能落脚。马拉鳄龙长得有点奇怪，三个小朋友为它争执了起来。小主人说是恐龙，知奇说是袋鼠，洛凡说是大兔子。它究竟是什么动物呢？D叔开讲了。下面，我正式开始写今天的探索生命日记了。

马拉鳄龙生活在中三叠世，身长约40厘米，体重也轻，2~5千克，但头部细长，有一条长长的尾巴。它的化石发现于南美洲阿根廷。知奇误以为它是袋鼠，是因为马拉鳄龙的后肢发达，前肢较短，能够像袋鼠一样站立。虽然它也有四只脚，但科学家们认为马拉鳄龙是小型的两足爬行动物，这可是爬行动物在进化史上的一次巨大飞跃。

D叔说它不是恐龙，而属于恐龙祖先鸟颈类主龙，它拥有和恐龙类似的特征，比如细长的耻骨、股骨等。马拉鳄龙有助于了解恐龙的早期起源。

"什么是鸟颈类主龙？"小主人问了我也想问的问题。D叔说主龙类是爬行动物的一个重要演化分支，鸟颈类主龙是主龙类的一种，因为它们的脖子呈S状弯曲而被命名。鸟颈类主龙后来进化成恐龙、翼龙类和鸟类。

"哇！"三个小朋友听完D叔讲解，都对马拉鳄龙佩服极了。

今天的日记就写到这里了，请小朋友们继续跟随我的小主人一家一起来探秘旅行吧。

“可惜它们都跑走了。不然我也可以摸摸它们。”知奇觉得有些遗憾。“别看它小，它可是一种灵巧的爬行类动物，能用长爪子抓住猎物，是肉食动物呢。你摸它，小心你的手哦。”D叔调侃起知奇。“我不怕，你看小林蜥都听我的话呢。”知奇噘起小嘴巴，并举起望远镜：“我找一找它们在哪儿？”不看不知道，一看吓一跳。

“马拉鳄龙怎么变得这么大？”

“因为他们正朝我们跑过来。”亦寒在旁边幽幽地说。

“爸爸。”知奇丢下望远镜，忘记了自己刚才夸下的海口。

“大家快进帐篷里吧。”D叔带着大家躲入帐篷，并关上门。“不好。‘小恐龙’没进来。”知奇着急地打开帐篷。

一只马拉鳄龙正在帐篷外，看到知奇出现，锋利的前爪正对着知奇挠去。危急时刻，林蜥冲了出来。马拉鳄龙的利爪抓住林蜥，一口咬住。“坏东西”，知奇一拳打在马拉鳄龙的头上，林蜥从它口中掉落。

小白蛇发出了滑梯通道即将开启的提示音。知奇迅速抱起受伤的林蜥，缩回帐篷。马拉鳄龙还没反应过来，D叔一行早已消失。

61

故事 ⑧
秒变"阿凡达"，骑龙大赛上演

　　自从幻本提示秘钥次数开始增多，伊静穿越滑梯通道时的心情就愉悦起来。因为她知道很快就能找到秘钥带领一家老小回龙城了。虽然坐滑梯通道的新鲜感在减弱，但洛凡的情绪一点儿都没受影响。她听完D叔讲解马拉鳄龙，想也许下一个地方就能看到真正的恐龙。亦寒和洛凡一样期待能亲眼看到恐龙，甚至是翼龙，但同时他体内芯片感应钥匙的信号越来越强，压力和矛盾都冲击着亦寒小小的心。本来最喜爱恐龙的知奇却没了心情，因为他担心怀中林蜥的伤势。

　　"爸爸，林蜥被讨厌的马拉鳄龙咬伤了。"知奇还没站稳，就着急地呼喊D叔。D

叔和D咕教授赶上前来，查看小林蜥的伤口。"还好不太深，就怕这天气炎热，伤口感染。"D叔边说边从背包里拿出药撒在林蜥伤口上。林蜥"嘶嘶"地挣扎，知奇一直安慰："'小恐龙'，坚持。""知奇，我们给它找些食物，会好起来的。"D咕教授摸了摸知奇的头。D叔皱了皱眉头，放眼望去，周围的树木种类并不丰富，品种也主要是苏铁。"我推测我们还在三叠纪。"D叔说，但他并没有将心里的话都说出：这里没有小林蜥家乡的植物多，找到足够的食物谈何容易。"去那儿看看吧！"亦寒指着前方的稀疏树林。

知奇怀抱着小林蜥，无精打采地坐在树林里的石头上。洛凡看着知奇和受伤的林蜥，不知道说什么才能安慰他，只能放下兔匪匪，独自看兔匪匪玩耍。D叔和伊静整理东西，准备在树荫下扎营。D咕教授带着亦寒出发去寻找可以喂林蜥的昆虫。

不一会儿，亦寒兴高采烈地小跑着回来了。他和爷爷逮了一些小虫，知奇看到林蜥一只接一只地吃完，终于一扫满面愁容。"知奇、洛凡，准备好接受惊喜了吗？"亦寒竟然卖起关子。

"是什么？亦寒哥哥。"洛凡仰起头，她的大眼睛盯着亦寒，也在等待答案。

亦寒忍不住蹦起来说："树林那里有好多恐龙！我和爷爷都不敢走近，怕把它们吓跑了。"

"真的吗？哥哥你没骗我？"知奇不敢相信地向前拽紧亦寒的胳膊。亦寒用力地点

点头。D叔也诧异地看着D咕教授，D咕教授把马头拐插在地上，双手比画着："看样子是阿希利龙。真的有不少呢。"

"太棒了！"D叔也高兴起来。

"那赶快走吧，我们去看看。"洛凡抱起兔匪匪，拉着伊静要出发。

"'小恐龙'，吃完了吗？吃完我们出发看大恐龙了。"知奇捧起小林蜥。

"我领队。"亦寒一马当先。

"大家还是悄悄地走。别惊动它们，我刚才都兴奋得眼花了，没有仔细看。"D咕教授一路嘱咐大家。

走出稀疏树林，穿过一片灌木丛，就看到了树林空隙当中的浅水滩。水滩旁，矗立着好几只深绿或灰绿的"恐龙"，它们的脖子又长又细，尾巴也是细长形。大的有3米长，小的也有1米，有些在喝水，有些在觅食，有些在嬉戏。三个孩子都兴奋地想冲上前去，D咕教授打横马头拐，拦住了他们。D叔示意所有人都在一株灌木丛后蹲下。知奇让小林蜥看着这些阿希利龙："你看，'小恐龙'，这是你的哥哥和姐姐。""拜托！它们不属于一个时代。"亦寒轻声地说。"我好想走近看啊。亦寒哥哥，让小白蛇变形个飞机也好，气球也好，带我们过去吧。"洛凡拉着亦寒的衣袖，央求道。亦寒看看D叔，D叔没有反对。亦寒高兴地拿出小白蛇，低下头靠近小白蛇轻轻地说："小白蛇，变形直升飞机。"

"嘟，嘟，嘟……"巨大的声音，强劲的气流，瞬间众人已坐在小白蛇直升飞机里了。"哎呀，动静太大，吓坏阿希利龙了。"D叔看着脚下的阿希利龙被这巨声和强风吓得四处逃窜。亦寒见状也慌乱了，"小白蛇，变回，降落。""嗖"的一声，小白蛇应声变回原形。"呀！"D叔一行人从在半空中坠落。

"哥哥，你干啥……"下落的知奇还不忘抱怨亦寒。

"小白蛇，智能变形。"

小白蛇智能变形为大的滑翔伞拉住了离得近的亦寒、知奇和洛凡。D叔背包紧急启动低空降落伞，他抱紧了伊静。D咕教授马头拐骑行功能启动，他又变身如魔法学校的教授了。地面上的阿希利龙看到空中徐徐降落的众人，都呆住了。"哇，哥哥。我们要到'恐龙'背上啦。"洛凡大喊。

"小白蛇，变回原形。"随着亦寒的命令，三个小鬼平稳地降落在了一只最大的阿希利龙背上。这只阿希利龙受到惊吓，飞奔起来。D叔见状，也控制降落方向，与伊静一起骑在另一条龙背上。"我也来啦。"D咕教授童心大发，也精心挑选了一只"坐骑"。三只驮着人的阿希利龙，向着同一方向狂奔。

"哇噢！我们是龙之勇士，加油加油！"知奇高喊。

"亦寒，想办法停下。"D叔边追赶边喊。

"终于追上你们啦！这就是你小子上次带我看的阿凡达啊。"D咕教授向D叔喊道。

"爸，您老怎么也跟小孩似的，快停下。"D叔对自己怀抱中的伊静叹了一口气，"真是，老的小的都让人操心。"

"亦寒哥哥，我觉得恐龙驮着我们仨，太累了。"洛凡心疼起来。

亦寒拿出小白蛇，变形为超强悬浮机器将三个小伙伴带离阿希利龙背部，回到了地上。D叔、伊静和D咕教授也赶过来。看着三只阿希利龙远走的背影，知奇挥挥手："再见！大恐龙们，辛苦啦！"

"好了，孩子们。这是阿希利龙，还不是恐龙呢。我们回营地再说。"D叔带着大家往回走。

"看上去离营地还有一段距离。天都快黑了，让小白蛇带我们快回吧！"伊静提议。

回到营地，天色暗了下来。伊静打开幻本，投放了阿希利龙的三维影像。D叔说："今天我们与它们亲密接触了大半天，但你们对它们还不是很了解。那我来讲讲吧。""小白蛇，请记录。"

阿希利龙

——最像恐龙的爬行动物

今天我表现得不好，因为变直升飞机时吓到了阿希利龙，小主人让我再变形，我就没有多想，变回原形，让小主人一家在半空坠落，差点受伤。庆幸的是D叔的背包和D咕教授的马头拐都超级给力，大家才安然无恙，并上演了一场骑龙大赛。下面，我正式开始写今天的探索生命日记了。

虽然知奇和亦寒一直喊阿希利龙为"大恐龙"，但D叔说它们并不是恐龙，而是已知的最古老的恐龙形类爬行动物，它们是由鸟颈类主龙进化而来的。它的四肢位于腹部下方，并可直立行走，是最接近恐龙的爬行动物。恐龙形类的爬行动物经过漫长演变后才进化为恐龙。

D叔说，阿希利龙生活在中三叠世，约2.45亿年前，当时非洲与南美洲还连在一起。化石发现于非洲的坦桑尼亚，所以我们现在可能处于远古的非洲陆地。阿希利龙是第一个发现于非洲的原始恐龙形类爬行动物。小主人今天骑的龙，原来有这么多第一。

洛凡今天很勇敢，在龙背上都不感到害怕。当然也可能因为阿希利龙没有那么的高，D叔说它的臀部高0.5~1米，体重10~30千克。所以今天驮着小主人一行的三只阿希利龙都算超负荷运载了。洛凡的心疼，我看D叔也同样感受到了，他那个时候没有办法，得追上小主人。D咕教授这会儿都有点不好意思了，谁让他老顽童的性子一直都在呢。

　　D叔说，阿希利龙的存在具有十分重要的意义，它们形象地表明中三叠世鸟颈类主龙已经有各种各样的形态了。

　　讲完"大恐龙"，"小恐龙"不舒服了，小林蜥发出了难受的"嘶嘶"声。

　　今天的日记就写到这里了，请小朋友们继续跟随我的小主人一家一起来探秘旅行吧。

　　"怎么了，'小恐龙'，你哪里不舒服？"知奇看着已缩成一团的小林蜥，手足无措。大家都靠过来，D叔说："知奇，林蜥不适合这个时代。它一路挺到现在，实属不易。""爸爸，快救救它。"知奇泪流满面，亦寒和洛凡也眼泛泪光。伊静蹲下来轻轻安慰知奇："知奇，爸爸和爷爷也不一定有办法。除非我们把它送回家乡。"

　　"妈妈，让您的幻本带我们回去，回到林蜥的家。"知奇哭着央求伊静。伊静面露难色，因为她不知道幻本能否带他们回去，而且她明白他们的目标是回龙城。"爷爷，让马头拐带我和林蜥回去。"知奇向D咕教授求助。

　　"知奇，爷爷的马头拐只能带两个人。你们不能离开大家。"D叔严肃回绝了。知奇绝望地大哭起来。"蛇，钥匙"幻本的提示音在知奇的哭声中响起。

　　伊静打开幻本，D叔拿起奇笔："大家听好了。做好准备，我用奇笔写下林蜥的'石炭纪'。如果在幻本提示音下，我们真的回到石炭纪，那么我们回家方向就没有错。我希望无论发生什么情况，我们要团结，一起面对困难。"

　　"嗯！"孩子们都目光坚毅地点点头。

　　D叔在愈来愈急促的"蛇，钥匙"提示音里，手握奇笔在幻本写下"石炭纪"三个字。光芒从幻本射出，照亮了三叠纪的夜晚。旋涡出现，知奇抱紧林蜥，与大家一起期待回到那片熟悉的森林。

故事 9

虫洞现身，回归石炭纪森林

　　"这是林蜥的家吗？"知奇焦急地问。D叔看着四周茂密的树林："应该是回到了石炭纪。"亦寒发现低矮灌木丛中露出了一根眼熟的杆子："看，那是什么？"洛凡和亦寒跑过去，扒开杆子旁的植物，他们遗落的集水器出现了。"知奇，回来了，回来了。这真的是林蜥的家。"洛凡跳起来。大家都舒了一口气。知奇热泪盈眶，对着怀里的林蜥说："'小恐龙'，我们回家了。你快好起来。""傻孩子，赶快喂它点水。"D咕教授吩咐道，"亦寒，洛凡，去给林蜥找点食物吧。"亦寒和洛凡赶快动身了。"你们虽然熟悉这里，但还是小心点。"伊静叮嘱道。知奇用树叶喂了露水给林蜥，D叔也一直帮忙照顾这只"小恐龙"。

　　喝了水的林蜥，没有再发出难受的"嘶嘶"声了。"它怎么还没站起来呢？"知奇看着依然躺在他怀里的林蜥说。

　　"病来如山倒，病去如抽丝，都需要一个过程，孩子。"D咕教授拍拍知奇的肩膀。

　　伊静对D叔说："我们还是去上次的河边扎营吗？"

　　"就在这儿好吗？我第一次遇见'小恐龙'就在这儿。"知奇泪眼婆娑请求道。

　　"好吧，知奇！"D叔点点头。说话间，亦寒和洛凡带了很多虫子回来，林蜥鼓起劲

吃了两只。"再多吃点！"知奇拿起一只放在林蜥嘴边。"它可能要休息一会儿了。像我们一样，生病了不喜欢吃东西的。"洛凡安慰知奇，"知奇，上次兔匪匪生病了，过几天就好了。你也不要太担心。""其实，说起来，林蜥受伤都是因为救我。"想到这儿，知奇的眼泪又下来了。"好了，知奇。林蜥救你不是为了天天看你哭鼻子。"亦寒的话语透着哥哥的威严。

大家随后分工忙碌起来：知奇照顾着林蜥，亦寒和洛凡在修集水器，大人们整理营地。夜幕很快降临，劳累了一天的D叔一行在小白蛇变形的帐篷里安然入梦。

D咕教授一早就醒来，独自在林间漫步。D叔和伊静醒后，一起收集露水。D咕教授散步归来。"爸，你衣服怎么都湿了？赶快换一件，免得着凉。"伊静边说边去拿背包。D咕教授摆摆手："道狭草木长，夕露沾我衣！不碍事的，伊静。"

知奇揉着双眼走出帐篷，嘴里还在呼唤："我的'小恐龙'，你好点没？"待他睁开双眼，情不自禁地蹦起来，大喊："你们快看'小恐龙'能站起来了。虫呢，虫呢，都被你吃了吗，'小恐龙'？"亦寒和洛凡循声起床，他们看到林蜥果然恢复生机，也发自肺腑地喜悦。

"回到自己的家，会好起来的。刚才我散步时，还看到它的兄弟姐妹呢！"D咕教授乐呵呵地说。

"知奇，接下来应该要怎么做？"D叔问知奇。

"爸爸！"知奇明白爸爸的意思，但他有太多的不舍，"林蜥才恢复，我还可以多照顾它几天。"

伊静搂过知奇："宝贝，爸爸说得对，'小恐龙'只有回到自己的兄弟姐妹身边才会好得更快。就像你和哥哥、洛凡一样，在一起才最快乐，是不是？"

　　知奇抿着嘴，忍着眼眶里打转的泪水，把林蜥轻轻地放在地上，转身走入了帐篷里。"小恐龙"原地停留了一会儿，就往森林深处爬去了。帐篷里传来了知奇的哭声。洛凡抿着小嘴，拉了拉亦寒。两个孩子走入帐篷去安慰知奇了。

　　太阳渐渐升入了高空，知奇的哭声也越来越小。一会儿，三个小伙伴拉着手走出来了。知奇的眼睛肿得像两个红桃子，他走到伊静的身边："妈妈，洛凡说得对，'小恐龙'离开家这么久，很想自己的爸爸妈妈，就像洛凡一样。我们要尽快找到钥匙，回到龙城，送洛凡回家见她的爸爸妈妈。"

　　可爱的知奇会考虑别人的感受了，伊静亲了亲他的额头。D叔见状也觉得十分欣慰："很好，孩子们。准备好了吗？我们要出发去寻找秘钥了。""没问题，我们童子军集合完毕！"知奇立正敬了个军礼。"好，童子军负责收拾集水器，这次可不能把它落下了。"D叔吩咐后，大家把东西收拾好，开始往森林外行走。

　　"嘘！停！"开路的D叔回头，让大家停下脚步。"怎么啦？是不是有蛇？"异想天开的知奇冒出疑问。D咕教授用马头拐轻轻敲打了知奇的头："小子，爸爸都说了小声点呢。"大家都弯着身子，躲在一棵大树后。D叔用手指了指前方："看到没？"

　　"是一只'大林蜥'，也可能是'小恐龙'的爸爸。"亦寒对知奇说。

　　"才不是呢，你看它的尾巴，完全不一样呢。"知奇说完对着亦寒吐了吐舌头。

　　"好了，我们在这儿等它走远。"D叔说。

　　"D叔，它已经不见了。它到底是什么？"洛凡歪着头问。

"啊，那真的是我们哺乳类动物远古的祖先，始祖单弓兽。"D叔笑着说。

"如果是我们人类的祖先，我们为什么要躲着？"知奇把疑问抛给爸爸。

"哟！"D叔弹了弹知奇脑门，"它可是肉食动物呢，你也看到它有半米长。万一被它咬到，我们可就惨啦。"

孩子们一路都在问始祖单弓兽的问题，D叔只好说："我们快要走出森林啦。等到河边扎营时，爸爸统一开讲，好吗？现在专心赶路。"正午时分，天空一碧如洗，阳光撒在河面发出耀眼的光芒。D叔一行安顿好，伊静就让幻本投射了始祖单弓兽的三维图像。

"小白蛇，请记录。"

始祖单弓兽

——最早似哺乳类爬行动物

没想到幻本真的把D叔一家带回了石炭纪，林蜥的身体终于恢复了。虽然知奇超级舍不得，但还是让林蜥回到了自己的家。也不知道我们什么时候能回家，我有时候也担心自己的能量是否能够撑到回龙城。告别小林蜥，小主人他们又发现了"大林蜥"，D叔说新发现的这只爬行动物不是林蜥，而是始祖单弓兽。下面，我正式开始写今天的探索生命日记了。

D叔说，始祖单弓兽和林蜥属于不同种类的爬行动物。林蜥属于真爬行动物，而始祖单弓兽属于似哺乳类爬行动物，并且是目前已知的最古老的似哺乳类爬行动物之一。可别小瞧它，现今的哺乳动物，包括我们人类在内，都是似哺乳类爬行动物的后代。

始祖单弓兽体型较大，身长约50厘米，有了较大的"犬齿"。与其他早期蜥类爬行动物一样，都是小头长身四只脚。难怪我的小主人把它错认为是小林蜥的爸爸。D叔说，始祖单弓兽是肉食性动物，与林蜥发现在同一地点。所以我们在这片森林里遇见它，一点都不意外。

知奇听完，说："爸爸，你说我们是似哺乳类爬行动物的后代，不一定是这始祖单弓兽的后代吧，也许是其他漂亮的似哺乳类爬行动物，我可不想是它的后代。"

D叔笑着回答："爸爸觉得始祖单弓兽很漂亮啊。而且你还真逃避不了呢，始祖单弓兽是所有似哺乳类爬行动物的祖先，也是哺乳类的祖先。"

"所以它的名字里才有'始祖'两个字，是吗？"亦寒问道。"不错！"D叔点点头。三个小伙伴看着空中始祖单弓兽的三维影像都在发呆，他们都觉得太不可思议了，自己怎么可能就是这像蜥蜴一样的动物的后代呢？

今天的日记就写到这里了，请小朋友们继续跟随我的小主人一家一起来探秘旅行吧。

午后，三个小鬼头在河边嬉戏，比赛"打水漂"。D叔看着森林感慨："石炭纪真的是伟大的时代。这片森林现在给我们庇护，未来又变成煤炭供我们使用。"D咕教授也

深吸一口气："是啊！所以大自然厚德载物，而我们人类一直在索取。""希望孩子们能够从这次旅行中明白生命的意义和我们的责任。"D叔想到这儿，觉得肩上的担子愈发沉重，想早日回到龙城。父子俩陷入沉默，他们都在担心，不知道龙城现在的情况又如何。

太阳落山，一颗两颗的星星开始绽放在夜空中，没有了心事的知奇睡得格外香甜。这是一个宁静美好的夜晚，也是一个与美丽石炭纪森林、河流、林蜥还有始祖单弓兽告别的夜晚……

温馨提示：扫码听故事

故事 10
D咕显威，马头拐助力 "龙" 族大战

　　"亦——寒——"亦寒听到了从头顶上方飘来的呼喊声。他睁开眼，却发现自己身处在黑暗中。"亦寒，亦寒"熟悉又陌生的声音靠近了。亦寒有些慌了，他抬起头对着一片漆黑大喊："爸爸，是你吗？爸爸，我什么都看不见，救我。""啪"地一束光由弱到强，照亮了黑暗，亦寒被刺得睁不开眼。

　　"就只记得你的D叔爸爸，忘了我吗？"这个声音逐渐靠近，言语里有着明显的威慑。亦寒揉揉眼睛，还没张开，但他心里已经知道了这个声音的主人。亦寒鼓起勇气，向着光线处的头像喊了声："E博士爸爸！"

　　"别以为我一直在暗处，就不知道你的小心思。亦寒，看着屏幕，看着我的眼睛！"黑暗隐者命令亦寒，"我已经收集了刻有'虎''兔'和'龙'标识的钥匙。这次也要顺势拿下蛇钥匙！它就快要现身了。这次不要再像上次那样，明明自己找到的，还得到龙城要回。"

　　亦寒抬头看着屏幕里黑暗隐者露有凶光的双眼，恐惧地战栗着。

　　"哎！亦寒，E爸爸也是为你好。想当初，你还是那么小，在我的身边成长了两年，也很快乐是不是？"黑暗隐者语气突然缓和了许多。亦寒想起几年前被迫离开爸爸妈妈时的孤独和恐慌，泪水滑落，在最孤寂无援时，幸得E爸爸收留。度过两年时光后，又帮助自己找到爸爸和妈妈。所以，即使黑暗隐者对自己很严厉，在自己体内植入追踪芯片，命令自己收集秘钥，亦寒都认为是天经地义的。天真的亦寒哪里会想到，让他离开父母的始作俑者正是这个E爸爸呢。

"我还不知道蛇钥匙在哪儿。"亦寒小声嘟囔着。

"快了，快出现了。你一定要跟随芯片，用心去感应。"黑暗隐者告诉亦寒，"你和知奇不一样。你的爸爸和妈妈更爱知奇。所以你得靠自己，拿到所有秘钥交给我。我们一起重启这个世界，你也会得到爸爸妈妈更多的爱！哈哈哈哈哈。"光线暗去，亦寒重新被黑暗吞噬。他蜷缩着，全身发冷。想起黑暗隐者说的话，失落、矛盾、害怕交织在一起，亦寒无助地哭了。

"亦寒，亦寒！""哥哥，哥哥！""亦寒哥哥！"大家看着亦寒从滑梯通道出来就昏迷不醒，还时而抽泣，都十分焦急。

"D叔，是不是孩子在滑梯里碰伤了头？亦寒，醒醒。妈妈不能再第二次失去你。"伊静妈妈的眼泪像断线的珍珠一样，撒落在亦寒的额头。

黑暗中的亦寒蓦然醒了过来。伊静捧着亦寒的脸："亦寒，听得到妈妈说话吗？你还好吗，是不是碰哪儿了？"亦寒看着大家关心的眼神，看着面前妈妈哭红的双眼，心里像被千斤石堵住了，他拍拍伊静的手："妈妈，我没事，做了一个很长的梦而已！"

说完，亦寒站起身来，不再说话。D叔和D咕教授虽然充满了疑问，但又怕追问伤了孩子，也就把注意力放到四周环境上了。

"看来，送完林蜥，我们也没离开石炭纪啊！"D咕教授笑着对D叔说。

"看那片蕨类组成的树丛，我们在早二叠世也未可知！"D叔指着树林向D咕教授回应。

"哎呀，爸爸，爷爷，甭管什么纪，我们先落脚吧，亦寒哥哥要休息。"知奇还在挂念亦寒。

"是你要休息吧！"亦寒竟然不领情。知奇撇着嘴，洛凡拉拉知奇："亦寒哥哥心情不好……"在孩子们的你一言我一语中，D叔带着大家向树丛旁行进。

"爸爸，这也没几棵树啊！"到达目的地的知奇左看看，右看看，嫌弃道。"已经不少啦，不能跟原始森林比。别小看这些植物，它们已经够养活不少动物了。"D叔边扎营边回答。

亦寒终于从噩梦里走出，主动让小白蛇变形为防风帐篷。大家吃过东西，躺在帐篷里休息。亦寒翻来覆去，不敢入睡。知奇也瞪圆自己的眼睛，他靠近亦寒，小声地说："哥哥，你别怕噩梦。你要是害怕，就拉着我的手睡。"亦寒什么都没说，但心里感觉很温暖，他其实也喜欢到哪儿都有知奇这个跟屁虫跟着，不会感到孤单。洛凡抱着兔匣匣凑过来："你们在说什么啊。我也睡不着，为什么大人都爱睡午觉啊？"帐篷震动了一下又停了。"好像地震了！"知奇大喊。D叔一个鲤鱼打挺站起来。他让孩子们先蹲下，

自己探出头到帐篷外观察后，有些兴奋地回头："老爸，快起来。孩子们，有一群基龙在树丛觅食。""基龙？是恐龙吗？"孩子们异口同声地问。D叔轻轻敲了一下离得最近的亦寒的头："这一路你们都白学了吗？我们在早二叠世，恐龙还早着呢。"亦寒摸了摸自己的头，不好意思地笑了。

D咕教授拿着马头拐，一马当先地冲出了帐篷。"爸，您悠着点。"伊静无奈地摇摇头。大家都走出了帐篷，傍晚的阳光没有那么炙热，一群背上长着帆的笨重的爬行动物慢悠悠地爬到树丛中，它们津津有味地嚼着坚硬的树枝。"看，那边又来了一群基龙！"洛凡跳起来，指着正赶过来的一群动物。D咕教授眯着眼远眺后，脸色大变："不好！那不是基龙，是异齿龙！"

话音刚落，这群异齿龙快速接近基龙群。基龙行动本来就缓慢，转瞬大半都被异齿龙咬死，小树丛瞬间血流成河。洛凡早就吓得六神无主。D叔示意伊静赶快护着孩子们往后撤退。D咕教授则守在龙族交战的地方。

"爸，快回来。我们到帐篷里再想办法。"D叔呼唤D咕教授。

D咕教授摇摇头："异齿龙可不好对付。它不仅是基龙的天敌，也可能会伤害我们！"

"那你还不赶快过来！"D叔想去拉D咕教授。

D咕教授却将手中马头拐对准异齿龙群，口中大念："马头拐变形麻醉枪！""嗖，

嗖，嗖，嗖……"D咕教授一枪一只。被子弹射中的异齿龙气坏了。它们张开背部的帆，朝着D咕教授奔来。还没赶到D咕教授身边，"扑通，扑通，扑通，扑通"，一只只异齿龙就在麻醉子弹作用下陆续倒下了。慢悠悠的基龙终于得空逃脱。

"爷爷，您太帅了。"知奇竖着大拇指冲向D咕教授。

"哈哈，爷爷宝刀未老啊！"D咕教授将马头拐变回原形。

"爷爷，您为什么不把他们都杀了，为什么只用麻醉啊！"洛凡也走出来。

"这是生存法则，异齿龙是基龙的天敌，它们并不是坏动物。"D咕教授笑着说。

"我们得赶快离开这里！一会儿异齿龙们醒来，该报仇了。"D叔开玩笑道。亦寒提议让小白蛇变形飞船，悬浮空中更安全。大家都觉得这个提议棒极了，其实亦寒是有所私心，他记起黑暗隐者的命令，想仔细观察异齿龙的背帆："也许，蛇钥匙就在某只异齿龙的背帆里！"

为了节省能量，小白蛇变形为悬浮在空中的小飞船。虽然小，但五脏俱全：自动驾驶舱、长长的餐台和配套座椅、六张休息塌，还有一个半露空的小阳台。伊静把幻本放到餐台上，投射出基龙三维影像。"怎么区分基龙和异齿龙呢，它们挺像的。"亦寒问道。"其实它们的背帆不同。我给你们讲一讲。"D叔开讲了。"小白蛇，请记录。"亦寒对着自动驾驶舱说道。

基 龙
——背上长帆的温顺似哺乳动物

今天小主人从滑梯通道出来一直沉浸在梦中，虽然我看不见他的梦，但我知道肯定是一个噩梦，我好心疼却又帮不了他。还好我们后来遇到的龙族大战让小主人的注意力都转移了。说是龙族大战，实际上就是异齿龙群占上风，欺压基龙。D咕教授最后出手了，遵循"自然选择，适者生存"的法则，只是让异齿龙暂时麻痹过去。因为陆地上总有未知的风险，天色也暗了，小主人命令我带着大家悬浮在空中。这样也好，所有人都可以放下心来休息会儿。D叔开讲了，主题是今天受到欺负的基龙。下面，我正式开始写今天的探索生命日记了。

基龙也叫帆龙或帆背龙，因为它最显著的特征就是有一个巨大的背帆，一直从它的颈部延伸到臀部。它们是温顺的植食性动物，正因为如此，他们成群生活来抵抗肉食动物。D叔说基龙是已知最早的植食性四足动物之一，它的身体形状呈桶状可以容纳消化大量植物的肠胃。知奇插话道："我看到它们有的大有的小，是不是有些是妈妈，有些是宝宝啊？"D叔笑着说："今天我们看到的基龙群里肯定有妈妈、爸爸，也有宝宝。但就像我们人类一样，即使都是大人，身高也有所不同。基龙身长从1米到3.5米，体重也惊人，最大的超过300千克。"

"哇，可惜它们背上长了帆。不然我们又可以来一场骑龙大赛。它们这么重，可以轻松驮起我们吧！"知奇又回想起骑龙大赛，兴致盎然。"你没看到它们爬起来都很慢吗？"亦寒看着知奇冷冷地说。"嗯，基龙头部短而宽，体型肥大，尾巴粗厚，行动起来很缓慢。跑不过它们的天敌——异齿龙。"D叔继续说道。"它们太可怜了。异齿龙和基龙看上去很像，为什么还要残杀基龙？"洛凡嘟囔着。"异齿龙是基龙的天敌，已经有了用于切割食物的门齿，用于撕裂肉食的犬齿，而且它也长着背帆，算起来它也是基龙的近亲，但它们背帆的形状不一样。今天你们也看到了，爷爷发射麻醉枪后，异齿龙鼓起了背帆，相对于基龙，它们的背帆更高大。""背帆有什么用呢？"亦寒终于问出了三个小鬼头都想问的问题。"哦，这个嘛。背帆可以帮助基龙、异齿龙调节体温，也可能用来恐吓猎食者。"D叔笑着对大家说。"异齿龙才不会怕基龙鼓起背帆呢。爸爸，它们都是恐龙吗？"知奇倒为异齿龙说话了。

"不，异齿龙和基龙都不是恐龙，恐龙出现之前它们就完全灭绝了。其实基龙和异齿龙、始祖单弓兽一样，都属于似哺乳类爬行动物。现今哺乳动物包括人类，都是似哺乳类爬行动物的后代。"D叔回答道。

今天的日记就写到这里了，请小朋友们继续跟随我的小主人一家一起来探秘旅行吧。

飞船外一轮满月当空。知奇和洛凡都累得睡去了，只有亦寒在阳台上看着月亮。"小时不识月，呼作白玉盘"，D

叔走到亦寒身边，摸了摸亦寒的头，"怎么了，亦寒，想家了吗？"亦寒摇摇头，脱口而出："有爸爸妈妈在的地方就是家。"说完他自己都有些诧异。D叔听完，鼻头竟然一酸，他叹了口气："亦寒，总有一天你会成为真正的男子汉，离开爸爸妈妈。所以，什么噩梦，什么困难都不能够难倒你。爸爸相信你做得到。"亦寒好想现在就告诉爸爸，黑暗隐者在他体内植入了芯片，让他收集秘钥交过去。可是当他回头看到伊静正亲吻知奇的额头，想起黑暗隐者告诉自己重启世界后，就能够弥补自己不在爸爸妈妈身边的两年，就又把到嘴边的话吞下去了。

"我还是得抓紧时间找秘钥，我得去异齿龙群看看。说不定就像牛钥匙卡在鱼骨中一样，蛇钥匙也许就卡在异齿龙背帆里。"亦寒心想。

"爸爸，您看下面。"亦寒让D叔看着他们脚下还在昏迷的异齿龙。

"是微弱的亮光吗？"D叔看了半天。

"会不会是秘钥？"亦寒提高音量。

D叔斩钉截铁地说："不会。幻本没有提示，而且那可能就是树影下的月光，或者是露水。"

"我去看一下。"亦寒坚持起来。

D叔惊讶地看着亦寒："亦寒，不能胡闹。"

亦寒倔强地扭过脸，咬咬牙，对着自动驾驶舱命令："小白蛇，缓缓降落。"飞船徐徐下降，除了D叔，其他人都没有感觉到。

D叔有些生气了："亦寒，这太危险，为什么不听爸爸的话了？"

"我自己去看一眼。爸爸，你不必跟过来，我什么都不怕。"亦寒头也不回地翻过阳台护栏，一溜烟跑入黑暗。D叔没能抓住他，急忙追过去了。异齿龙的鼻息声逐渐增大，亦寒走在它们中间，找寻亮光处。D叔追来，不敢大声呼喊怕吵醒异齿龙："亦寒，亦寒，快点回去。"

黑暗中，两道绿光射出，躺在亦寒身后昏迷的异齿龙张开了双眼。亦寒站立住，他也感知到背后的呼吸。D叔冲过来，抱紧亦寒，向飞船奔去。踉踉跄跄的异齿龙展开背帆，月光下高大的背帆更添几分恐怖。

而小白蛇飞船已经感到地面在松动，它发出了提示音。最后一刻，D叔抱着亦寒跟着小白蛇陷入通道口。这一夜，亦寒和D叔无眠了。

D叔拉紧亦寒最后才从通道中出来。其他人都还在小白蛇变形的飞船里安睡，除了伊静早就醒过来，在旁焦急等待。亦寒的冲动表现让D叔很生气，也很无奈。亦寒也知道自己有些急躁，既然还有通道出现，就说明他们离秘钥还有一段距离，还需要耐心等待。亦寒有些愧疚，但又不想道歉，于是一家人就这样沉默地僵在那里。伊静虽然不知道发生了什么，但还是让D叔父子回到飞船内，抓紧时间休息。

"你是不是对亦寒太严厉了？"伊静临睡前，悄悄地问D叔。

"哎！亦寒的举动太危险了，平时还好，一到关键时刻他就会又固执又冲动。上次在海洋时代也是这样。"说到这儿，D叔长叹一口气。

"毕竟与我们分开了两年。期间发生了什么到现在我们也不知道。他有一点固执，我们应该理解的。我何尝不想走进他的内心。"伊静开导D叔，最后自己也难免感慨。

"嗯，睡吧。我们应该是离秘钥越来越近了。孩子的事，我们慢慢来。"D叔说。

D叔和亦寒都太累了，一直睡到艳阳高照。知奇早就忍不住，要不是伊静和D咕教授拦着，亦寒估计早就被吵醒了。

　　"爸爸和哥哥昨晚很晚才睡。你和洛凡已经吃过早餐了，和爷爷一起去打探地形吧。"伊静边说边把知奇推出了飞船。

　　D咕教授已经在外面伸展完胳膊、腿，挂起马头拐，招手让知奇和洛凡跟上。"爸，和孩子们别走远啊，D叔应该很快就起来了，我们还是统一行动。"伊静又叮嘱起来。

　　"哎！我的矛盾老妈，有时候可唠叨了。"知奇边走边向洛凡抱怨。

　　"知奇哥哥，我还想妈妈唠叨我呢，现在都听不到。"洛凡说着神情黯淡下来。

　　知奇拍着自己的嘴巴："我不好，乱说话，让你想妈妈了。洛凡，快看，那儿有好多洞。"

　　D咕教授早就发现了前方凸起的土坡下有不少洞穴，远处貌似还分布有树丛。"爷爷，快，我们一起去看看。"知奇拉着洛凡跑到D咕教授的前面。"别跑，小鬼头们。"D咕教授一伸马头拐，就勾住了知奇的衣角。"爷爷！"知奇故意回头瞪着马头拐。"我们还是回去，等爸爸妈妈一起。"D咕教授难得用有命令语气说道。

　　知奇和洛凡有诸多不情愿，也只能乖乖跟着爷爷往回转。"马头拐，马头拐，有时候就是坏蛋拐！"知奇对牵着自己的马头拐吐舌头。

　　"嗯，这个坏蛋拐啊，专打不听话的小坏蛋。"爷爷收回马头拐，假装轻敲知奇的头。"扑哧！"洛凡笑了。

　　嬉笑中，D咕教授他们回到了飞船，D叔和亦寒已经起来，正在吃东西。听知奇说看到了洞穴，大家都忙碌起来，整装出发。

　　等着到达D咕教授勘察地点时，D叔一行都被惊呆了，每一个洞口都在爬出类似猪一样的动物。不一会，地面上就有着成群的"猪"。D叔和D咕教授异口同声地说出："史前猪啊！"亦寒和知奇也同时说："真的是猪啊！"D叔笑起来："是不一样的'猪'。它

们不是肉食动物，我们绕着走，应该不会攻击我们。""去哪儿呢，叔叔。好臭！"洛凡捂着鼻子问。

阵阵风起，带来了史前猪群的气味。知奇和亦寒也赶紧捂住了鼻子。"哈哈，是有点味道。"D叔还使劲闻了闻，"它们都生活在水边。我们要绕过它们找到水边扎营。"伊静妈妈从背包里拿出口罩，给大家戴上。D咕教授摆摆手："我不需要，这是大自然的一部分呢，不能太娇气啊。"说得伊静和孩子们都红了脸。

D叔带着大家靠近了史前猪群。走近看后，亦寒小声说："我觉得它不像猪，更像河马呢。""对，对，对。"知奇一个劲地表示赞同。D叔回头做了一个"嘘"的手势，让大家不要说话、不要吸引了它们的注意。

绕过一大群史前猪，在洞穴分布的土坡背后，果然有一个小湖泊。而湖泊旁的泥泞地里，又有一群史前猪在打滚，好不快活。

D叔一行在两群史前猪之间的空地站住。"天哪，怎么哪里都有它们？"知奇前看看后看看，摊着双手表示无奈。D叔挠着头，他在观察和思考扎营的地方。洛凡宝贝忍不住戴上了口罩，露出两只大眼睛。D咕教授用马头拐指了指湖泊对岸的树丛："去树丛深处，那里水龙兽可能少点。"D叔点点头，就带着大家往湖泊对岸走去。"水龙兽？"敏感的亦寒追问起D咕教授。"是的，小亦寒，我们看到的这些都是水龙兽，看起来像猪一样，所以叫它'史前猪'。"D咕教授回答道。

沿着湖泊岸边行走了差不多一上午，终于到达了对岸。岸边也横七竖八地躺着水龙兽。D叔一行蹑手蹑脚地进入树丛深处，终于寻得一处可以扎营的干爽地带。

"我的脚都快走掉了。这个湖看起来不大，走起来可真远。"知奇边说边脱掉鞋子，揉着自己的脚，"哥哥，当时让小白蛇变成船，游过湖就好了。"

"你都知道累，难道我的小白蛇不累吗？"亦寒有些生气地怼了知奇，"现在需要它变成帐篷呢，它一路都很辛苦呢。"

"好了，大家都累了。"D叔赶快转移话题，不让孩子们争执起来，"你们想不想了解今天看到的这水龙兽啊？"

"想！"三个小孩子都举起了手。伊静打开幻本，投射了水龙兽的三维影像。"小白蛇，请记录。"亦寒说道。

水龙兽
——史前会刨窝的"猪"

听到小主人因为我和知奇争执，我又内疚又感动。小主人虽然在上一个夜晚闯祸了，差点被异齿龙袭击，但我相信他是因为想早点找到秘钥才会这样。看到D叔批评小主人，我真的很心疼，但也没办法。幸好他们在碰到史前猪时，淡忘了上一夜发生的事。下面，我正式开始写今天的探索生命日记了。

D叔说，今天我们碰到成群的又像河马又像猪的动物是水龙兽，生活在二叠纪晚期至三叠纪早期。像我们看到的那样，它们体型笨重，有短粗的四肢，体型像现代的猪。"更像野猪对不对？"知奇插嘴问道。"是的，它们长着猪一样的长嘴和一对长牙。"D叔继续说道，"它的前肢比后肢粗壮，能够刨土，所以它们生活在洞穴中，也是植食性动物。

水龙兽的头骨构造很特别，你们也看到了，它们的眼眶位置很高，然后脸部直接从头顶处向下方折下。""我知道，哈哈，所以刚开始我以为是那只水龙兽脸被碰扁了，后来我发现所有的都是。"知奇想起来，止不住哈哈大笑。

D叔说，不要小瞧水龙兽，它们曾经在地球上极为繁盛，足迹遍及中国、印度和俄罗斯等。"那我们现在就有可能在中国啦？"洛凡跳起来。"有可能，洛凡。在远古时期，地球上的大陆可能就是一整块。"D叔笑道。

D叔说水龙兽非常了不起，它们在二叠纪到三叠纪生物大灭绝事件中存活下来，这有可能得益于它们有挖掘洞穴和冬眠的习惯。D叔说虽然水龙兽是似哺乳类爬行动物，但它被许多科学家认为是地球上所有哺乳动物的祖先，因此也算是我们人类的祖先。史前猪群在地球上繁盛，之后恐龙才慢慢接管地球。"最后，还是我们人类接管地球，对吗？"亦寒听完，问D叔。

D叔有些感慨道："是啊，所以生命就是不停演化，不曾停息。我们人类也不一定是最后的地球霸主。"

大家听完，都陷入了沉思。直到幻本急促的提示音响起。

今天的日记就写到这里了，请小朋友们继续跟随我的小主人一家一起来探秘旅行吧。

亦寒体内芯片忽然发出强烈感应，就像针刺的感觉一样，不停刺激着亦寒。幻本的提示音也越来越急促。看来，离秘钥真的不远了。亦寒忍受不住，站起来，跟随感应提示，往湖泊旁走去。D叔见状，赶紧跟上："亦寒，你去哪里？"亦寒回过头，却不说话。

"亦寒！"伊静走上前，抱紧他，"有什么话，跟妈妈说好吗？幻本在提示，我们离秘钥不远了。一起行动，好吗？"妈妈温暖的怀抱和话语，让倍受刺激的亦寒感觉缓和了许多。

"妈妈，我总觉得秘钥在水龙兽那里！"亦寒说出了自己的感应。

"对。我也这么感觉，而且上次也是亦寒哥哥在鱼肚子里发现了牛钥匙。"知奇说起自己也有感应。亦寒看着知奇，觉得又可爱又可笑。

"带上幻本，收拾好行李，我们一起去。"D叔吩咐大家。

小白蛇重新回到亦寒口袋。伊静捧着幻本，果然愈接近史前猪群，幻本提示音愈急促。

"这么多水龙兽，怎么找啊？"知奇看着湖泊两岸密密麻麻的史前猪，说出了大家的疑问。

太阳西斜，凉风骤起，史前猪群的气味愈发浓烈。洛凡的口罩快要罩住自己的脸了。

"爸，你和伊静带着洛凡就在这边寻找。要小心，别被水龙兽的尖牙碰到。"D叔提出了分队行进的建议，"我和亦寒、知奇，出发去对岸寻找。有任何结果，A咪梦呼唤你。"大家分头行动，小白蛇变形为快艇，载着D叔、亦寒和知奇转眼就到了对岸。

天色渐晚，深入到史前猪群的众人，不放过任何一个细节。他们的眼睛在每头水龙兽身上搜索，希望和失望交织。星星亮起，水龙兽一头接一头地回到洞穴，湖泊两岸留下的是史前猪群的粪便。不知是被臭晕了还是累晕了，知奇对D叔喊道："爸爸，我们不用检查这一坨又一坨的粪便吧？"

D叔也感觉眼花了，摇摇手，呼喊还在认真搜索的亦寒："亦寒，我们跟妈妈汇合吧。也许他们找到了。"洛凡已经累得在伊静怀抱里睡着了，伊静摇摇头表示他们也一无所获。D咕教授放下马头拐，为大家鼓劲，面向宽阔的湖面说道："长风破浪会有时，直挂云帆济沧海！"

"爸，您也累了。我们就地休息吧！"D叔对D咕教授说道。

虽然空气中还混着水龙兽的味道，但筋疲力尽的大家很快就在小白蛇变形的帐篷里陆续睡去。幻本在漆黑的夜里一直闪烁着光芒，小白蛇护着小主人亦寒一家滑向下一个站点，也许那就是旅程的终点……

双"蛇"合璧，小白蛇终获蛇秘钥

从滑梯通道出来的众人疲倦而沮丧。伊静甚至怀疑幻本是不是出了什么故障，明明出现了强烈的提示音，但最终还是一无所获。亦寒体内的芯片在史前猪群感应强烈，他忍着臭味、顶着风险，认真地搜索出现在身边的每一头史前猪，最后也是竹篮打水一场空。此刻望眼过去，背后是陡峭的红色山谷，前方是稀落的灌木丛、干旱的地面、熟悉又陌生的红色沙石。

知奇的抱怨打破了沉默："妈妈，我还活着吗？我感觉自己都被史前猪群臭死了。"大家都被逗笑了。

"洛凡都坚持下来了。你是男孩子，还不如女孩子吗？"亦寒又拿出了兄长的风范。

"亦寒说得好。我知道不光你们童子军队伍累了，我们大人军队伍也疲倦了。但越是困难，我们越要坚持。"D叔鼓舞起大家，"史前猪群没有找到秘钥，但我们近距离和曾经地球的霸主接触就是个很了不起的收获。"

D咕教授用力撑住马头拐："D叔说得对。孩子们，我们上次还在烈日炎炎的红色沙石漫步过，所以我们打起精神，继续前行！"说完，D咕教授用马头拐指着前方。

在彼此的鼓励声中，大家携手前行。真正行走起来，却发现没有那么累了。

"我们是在下山吗？"知奇才反应过来。

"知奇哥哥，你才发现吗？"洛凡咯咯地笑起来。

"同是红色沙地，却是不同风景啊！"知奇也念起诗来。

"打住吧。可别在我们家两大诗神面前作打油诗！"亦寒在旁边泼了知奇一头冷水。

一阵山风袭来，吹起了地面的红色尘土，形成薄薄的沙雾。大家捂住口鼻，只有知奇迎着沙土高喊："谁说我只会打油诗。大风起兮尘飞扬，哎哟！"风卷着沙尘散去，D咕教授的马头拐又一次轻敲知奇："小子，诗歌不要乱吟！"

　　"哈哈……"大家的笑声在山坡上飘扬。

　　三个孩子迈着欢快的脚步带领大家下到了山谷，虽然从坡顶往下望时，感觉树木稀少，但真正到达后却发现山谷中分布着不少的蕨类树木。

　　山谷清幽，也有凉风习习，D叔一行稍事休息。亦寒拿出小白蛇："爸爸，要在这扎营吗？"伊静拿出幻本，它没有发出声音。D叔看了看天色："现在还早，我想我们还是找到河流，哪怕是小溪也行，再扎营吧。"大家吃过东西，D咕教授在树下打了个盹，就又出发了。

　　"你看，这是流水的痕迹。"D叔快步走到山谷中间，指着地面上低浅的沟壑。

　　"典型的流水冲蚀地貌，可惜水都被蒸发了。沿着沟壑往源头走！"D咕教授挥挥手。

　　三个小朋友看到了目标所在，都奋勇向前。亦寒一路注视着沟壑的变化，他欣喜地发现虽然沟壑越来越窄，但明显越来越湿润。同时，他体内的芯片感应越来越强，他的心跳也跟随着加快起来。"快看！""你听！"亦寒和伊静几乎在同一时刻叫喊。原来前方细小的沟壑里填满了水，一条小溪出现在大家面前。幻本发出了急促的"蛇，钥匙"提示音。

　　D叔示意大家就在小溪边扎营。小白蛇变形为红色的帐篷，"真棒，亦寒哥哥，我喜欢红色。"洛凡拍起小手。亦寒笑着说："它变成红色是为了与地面颜色一样，保护我们。"D叔和伊静打开幻本又合上。D叔说："听幻本这么急促的提示，钥匙应该离我们不远了。不过马上就要天黑了，我们还是休息一晚，养足精神再寻找。"伊静坚定地点点头。

　　D咕教授陪着孩子们去小溪边打水。小溪的水清澈甘甜，兔匪匪连喝了好几口。D咕教授告诉孩子们："水是生命之源。你们回龙城后，更要珍惜水源。"

　　"爷爷，我们这次旅行，时时刻刻离不开水。回去我会告诉同学们，不能浪费水。"知奇回应着爷爷。

　　"噌、噌……"正在喝水的兔匪匪受了惊吓，惊慌地往洛凡怀里蹦。"小乖乖，怎么了？"洛凡关切地问。"呀，在那里！一条大黑狗。"亦寒看到小溪对面的上游处，一条黑狗样的动物也在饮水。这只"黑狗"听到了人们的谈话，扭头离去。知奇边拿A咪梦呼唤D叔，边跟着："别走，别走。我还没看清楚。"D咕教授带着洛凡和亦寒也跟紧知奇，爷爷提醒知奇："别跟太紧了，恐怕有危险。"

身后D叔和伊静奔跑着过来。"叔叔，是一只大黑狗。喏，快跑掉了。"洛凡用小手为D叔指明方向。D叔走上前去，只看到了"黑狗"的背影。

"看样子是三尖叉齿兽。不能再追了。"D咕教授用马头拐勾住还想往前去的知奇。

"我只看到了背影，没看清它的头，爷爷！"知奇嘟着小嘴。

"好了，知奇。它虽然不是大黑狗，但咬起人来绝对不亚于大黑狗。天黑了，我们赶快回营地。不能把小白蛇单独留在那儿。"D叔说完，亦寒想到小白蛇，立马往回赶。

妈妈用溪水煮了孩子们爱吃的方便面。一路走来，大多时候都是吃干粮，今晚这热腾腾的面条，一扫知奇没有看清三尖叉齿兽的遗憾。D叔也调出了幻本的三尖叉齿兽影像："今天我们就边吃边讲了。"

但亦寒明显不在状态，他深受体内芯片强烈感应的困扰。

"亦寒哥哥，让小白蛇记录哦。"还是洛凡提醒了他。"哦。小白蛇，请记录！"亦寒说道。

三尖叉齿兽

——最著名的过渡性似哺乳动物

　　我的小主人怎么了？我好担心他。今天他们从山坡一直下到山谷，又在山谷走到小溪边才得以休息、扎营。知奇和洛凡看样子都很喜欢吃伊静做的晚餐，可我的小主人好像食不甘味，独自发呆，连D叔开始讲解今天碰到的三尖叉齿兽，小主人都没反应过来。我希望他能敞开心扉，遇到困难或者问题也可以和爸爸妈妈说一说。D叔开始讲解三个小伙伴今天在小溪边打水时，看到的像大黑狗一样的三尖叉齿兽了。下面，我正式开始写今天的探索生命日记了。

　　D叔说小主人亦寒之所以把三尖叉齿兽看成是大黑狗，是因为三尖叉齿兽已经非常类似于哺乳动物了，体长30~50厘米。相比其他似哺乳类的爬行动物，三尖叉齿兽拥有相当大的头骨，头上已经发育了小小的外耳，嘴边也有胡须，全身都有皮毛，四肢可以直立行走，看起来越来越像哺乳动物了。在傍晚光线较暗的时候，这些特征使得亦寒和洛凡很容易把它错认为大黑狗。

　　知奇因为没看仔细，一直跟着跑，最后D咕教授及时拦下。这是对的，因为三尖叉齿兽拥有锐利的牙齿，是肉食动物，可能以小型动物为食。如果知奇继续紧跟，就很有可能被三尖叉齿兽攻击呢。

知奇问D叔："爸爸，你说三尖叉齿兽是似哺乳类爬行动物，那它还不是哺乳动物吗？"D叔说："是啊。三尖叉齿兽属于犬齿兽类，这一类似哺乳爬行动物拥有几乎所有哺乳类的特征，比如牙齿全部分化，有门齿、犬齿和臼齿，脑壳往头后方突起，大多数都以直立的四肢行走，不像之前的爬行动物是爬行前进。不过虽然它们很多特征类似哺乳动物，但它们还是卵生动物。三尖叉齿兽也是如此。"洛凡有些惊讶地说："叔叔，你的意思是今天我们看到的三尖叉齿兽，它如果生小宝宝，还是通过生蛋来孵化吗？"D叔愣了愣，迟疑了一下笑着说："我想应该是的，小洛凡。""洛凡，你怎么知道今天看到的三尖叉齿兽就是女生呢？也许它是三尖叉齿兽的男子汉呢。"知奇说完，哈哈大笑起来。

一直没有发问的小主人亦寒终于开口了："那为什么它叫三尖叉齿兽呢？""噢，亦寒，它的名字来源于它的牙齿形状——三叉的牙齿。"D叔很高兴亦寒的注意力能回归。

"三尖叉齿兽在生物进化史上也非常有名，它是爬行动物到哺乳动物著名的过渡物种。好了，孩子们，我们得下课休息了。"D叔讲完，帮伊静收拾幻本。

今天的日记就写到这里了，请小朋友们继续跟随我的小主人一家一起来探秘旅行吧。

夜幕降临，亦寒翻来覆去睡不着。"蛇，钥匙！蛇，钥匙！"幻本提示音吵醒了大家。"什么时候幻本变成闹钟了？"知奇嘟着嘴。D叔带着大家踩着清晨的露珠继续沿着沟壑往源头行进，幻本提示音随着他们的步伐越来越急促。伊静和D叔都明白，他们的方向是对的。"听到了吗？"队伍前头的D叔兴奋地问大家。哗啦啦的水声就在不远处，众人循着水声转过弯，一条白玉带般的瀑布从两山交接处倾泻。D叔他们就站在瀑布下的深潭边。洛凡和知奇因为瀑布欢呼雀跃，伊静和亦寒却因为钥匙不知在何方，而心下惆怅。

"小心！"昨夜那只三尖叉齿兽不知什么时候埋伏在旁，它一跃而起攻击正抱着兔匪匪跳跃的洛凡。洛凡脚一滑，往深潭里掉去。D咕教授眼疾手快，马头拐瞬间拉住洛凡，"抓紧了，宝贝。"岸上的三尖叉齿兽还在虎视眈眈。"智能变形"，随着亦寒的命令，小白蛇变形为橡皮艇，带着众人接住洛凡并滑入了瀑布下的深潭。

洛凡在下落过程中蹭伤了手臂，她躺在伊静怀抱嘤嘤地哭着。

"看那儿！"知奇发现潭底仿佛有一个洞口。

亦寒斩钉截铁地说道："钥匙就在那洞里。我去拿。"

"不行！你怎么知道在那里？"D叔严词拒绝了。但D叔明白现在任何一个地方都不容错过。当他和D咕教授研究了洞口尺寸后，怅然若失地摇摇头。

"怎么了？"知奇疑惑地问。

"洞口太小，我和你爸爸都无法进去。"D咕教授边回答边摇头。

"我陪哥哥去吧！"知奇举起手。

"不行，不行。"伊静泪水涌出，她不能让亦寒和知奇去冒险。

亦寒对一筹莫展的D叔说道："爸爸，让我去吧。你们带洛凡上岸。我让小白蛇陪我去。"

"我要陪哥哥。"知奇拿出从未有过的认真劲儿说。

D叔不敢看伊静的眼睛，他必须要做出抉择。他搂过亦寒和知奇，告诉他们进洞后，迅速查看，找不到就赶快出来。知奇带着A咪梦一同去，有任何事让A咪梦传话。

亦寒和知奇穿过洞口，他拉着知奇，摸着洞壁前行。

"嗲！"微弱的光线里，亦寒看到洞顶掉落的石块砸中了知奇。

鲜血顺着知奇的额头流下。"知奇，知奇！"亦寒抱着知奇沿着洞壁坐下。

"丢下知奇，寻找钥匙。"芯片命令着亦寒。

"哥哥，我不会死吧。哥哥，你一定要带我回……回家。"知奇握紧亦寒的手。

亦寒哭了，他害怕失去知奇。"丢下知奇，寻找钥匙。"芯片再次提示。

　　"不，不，我不会丢下他。"亦寒发疯似的对着洞内呼喊。在"我不会丢下他，他，他"的回音里，亦寒收起眼泪。"小白蛇，智能金属探测功能启动！"小白蛇眼睛射出了绿色的搜索光线，前方洞顶处反射回来强烈的信号。"双蛇合璧，拿回蛇钥匙。"随着亦寒的命令，小白蛇找准位置，一把刻有"蛇"标识的钥匙就镶嵌在那。小白蛇口中叼住秘钥，智能变形小型潜水器，带着亦寒和受伤的知奇，冲出了潭底。

　　"对不起，爸爸妈妈，我没照顾好知奇。"亦寒流着泪。

　　"不是你的错。"D叔捏紧亦寒的肩膀。伊静打开幻本，拿出奇笔，迅速写下："龙城医院"，插入蛇钥匙。

　　强烈的光芒从幻本发出，大气旋涡出现包裹住大家，然后飞速旋转起来：西龙沟、鱼石螈、林蜥、始祖单弓兽、三尖叉齿兽……这一路的点滴都在旋涡里出现，D叔一行终于踏上了回家的路程！

温馨提示：
涂出创意

D叔漫时光

温馨提示：扫码听故事

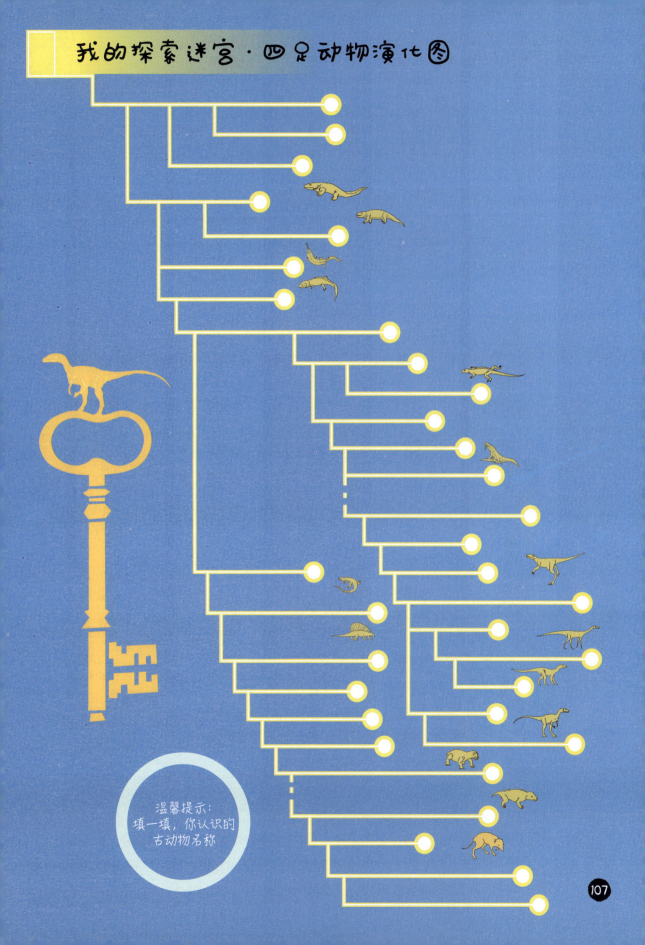

温馨提示：
填一填，你认识的
古动物名称

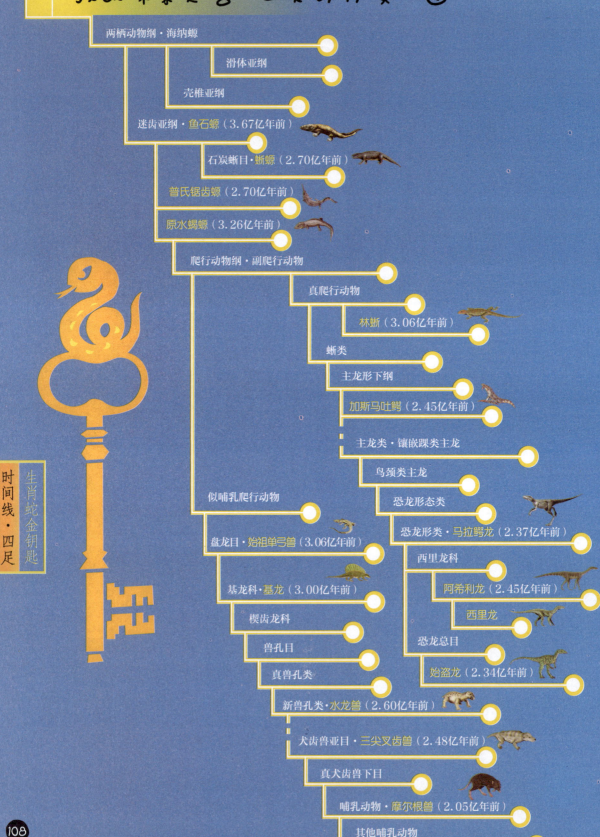

我的探索迷宫·四足动物演化图

两栖动物纲·海纳螈

滑体亚纲

壳椎亚纲

迷齿亚纲·鱼石螈（3.67亿年前）

石炭蜥目·蜥螈（2.70亿年前）

普氏锯齿螈（2.70亿年前）

原水蝎螈（3.26亿年前）

爬行动物纲·副爬行动物

真爬行动物

林蜥（3.06亿年前）

蜥类

主龙形下纲

加斯马吐鳄（2.45亿年前）

主龙类·镶嵌踝类主龙

鸟颈类主龙

恐龙形态类

恐龙形类·马拉鳄龙（2.37亿年前）

西里龙科

阿希利龙（2.45亿年前）

西里龙

恐龙总目

始盗龙（2.34亿年前）

似哺乳爬行动物

盘龙目·始祖单弓兽（3.06亿年前）

基龙科·基龙（3.00亿年前）

楔齿龙科

兽孔目

真兽孔类

新兽孔类·水龙兽（2.60亿年前）

犬齿兽亚目·三尖叉齿兽（2.48亿年前）

真犬齿兽下目

哺乳动物·摩尔根兽（2.05亿年前）

其他哺乳动物

时间线·四足

生肖蛇金钥匙

108

生命是一部奇书，《解密物种起源少年科普丛书》是一部讲述地球生命进化科学的有趣的书，带领爱科学的孩子们成长为"科学之星"。

《解密物种起源少年科普丛书》是一部纯粹的原创地学科普文学作品。它的创意灵感来自全国首席科学传播专家王章俊先生和中国地质大学（北京）副教授、"恐龙猎人"邢立达先生。两位先生先后加入了这部作品的创作团队，王章俊先生担任这部作品创作团队的领衔作者，邢立达先生担任这部作品的形象大使。"D叔"就是以对科学探索执着而又可爱十足的邢立达先生为人物原型设计的。

为了做一部真正属于孩子们自己的科学故事书，创作团队成员寻找一切机会零距离接触孩子们，走进校园举办"宇宙与生命进化"科普讲座，走进社区举办"科学小达人"讲故事大赛和"绘科学"美术大赛，走进中国科技馆举办"我们从哪里来"科普展览，等等一系列活动。就在这样的亲密接触中，《解密物种起源少年科普丛书》开始开花结果。

孩子们、父母们，阅读了这部作品后，有没有被生动有趣的探险故事、流畅手绘的动漫图画深深吸引呢？有没有对D叔一家的探秘之旅充满好奇呢？有没有为故事里主人公的命运紧张担心呢？在这样的体验过程中，深奥生涩的科学知识有没有融入你的脑海、深入你的内心呢？如果有，那就是科学故事的魔力哦。

《解密物种起源少年科普丛书》集严谨的科学知识、有趣的文学故事和动漫风格的彩色图画于一体，展现了科学的温度、宽度、深度。在创作手法上"用故事讲科学"，新技术应用上随时"扫一扫"，产品服务上有"锦绣科学"虚拟社区服务平台。其整体系统的精心设计，体现了创意团队的独具匠心，科学作者的严肃认真，文学作家的妙笔生花。

这部作品自创作到出版，数易其稿，反复修改，历时5年之久，书中文字和图画精心撰写与绘制，包含了每一位参与创意与创作成员的无数心血和努力。更为贴心的是，科学作者、全国首席科学传播专家王章俊先生，将他亲自设计的"地球生命的起源和演化"长卷、"生命进化历程图谱"随书赠送给孩子们，帮助孩子们对生命演化有一个更全面、立体的了解。

该选题自立项以来，已获中国作家协会重点作品扶持资金、北京市科学技术委员会科普专项资助、北京市提升出版业国际传播力奖励扶持专项资金、北京市科学技术协会科普创作出版资金的资助。试水之作《D叔一家的探秘之旅·鱼儿去哪》更是获得多项科普大奖。

同时，这部作品有幸获得国内知名科学家、著名出版人、儿童文学作家的充分肯定，以及教育工作者等社会各界人士的高度评价。他们有中国科学院院士刘嘉麒、欧阳自远，国务院参事张洪涛，中国科学院古脊椎动物与古人类研究所研究员朱敏，著名出版人、作家海飞，中国图书评论杂志社社长、总编辑杨平，全国优秀教师、北京市德育特级教师万平，《中国教育报》编审柯进，果壳网副总裁孙承华，知名金牌阅读推广人李岩等。"大真探D书"标识由著名书法家、篆刻家雨石先生亲笔题写。

在此，对以上人士的热心支持和帮助致以最诚挚的感谢！

鉴于本书用全新的讲故事方式传播科学知识，不足之处在所难免，敬请广大读者批评指正。

望孩子们喜欢它，爱上科学。

锦绣科学文创团队

2019年12月

《鱼类称霸》

《四足时代

寒武纪 5.41亿~4.88亿年前

奥陶纪 4.88亿~4.44亿年前

志留纪 4.44亿~4.16亿年前

泥盆纪 4.16亿~3.59亿年前

石炭纪 3.59亿~2.99亿年前

二叠纪 2.99亿~2.51亿年前

三叠纪

2.51亿~2.00亿年前

侏罗纪

2.00亿~1.45亿年前

白垩纪

1.45亿~6500万年前

古近纪

6500万~2303万年前

新近纪

2303万~259万年前

第四纪

259万年前~现在

很开心参与了这项活动，让我们一家人了解了
许多地质、科学、动物的知识。

——科学小·达人秀

生命之树

晚二叠世

走进锦绣科学小镇

与D叔一家共同见证地球生命的进化

探索远古生命奥秘

守护地球家园

这本《解密物种起源少年科普丛书·四足时代》的小伙伴是

_____